手感溫度微生活

──讓家變得不一樣的46種輕布置

生活美學家 Aiko 著

金牛座，好像真的是個對「美」的事物很在意的星座。

小時候，我會把我覺得醜卻不能丟掉的檯燈，用喜歡的花色膠帶貼滿，才能心滿意足的使用它照明。不到變美的那一刻，我甚至不想打開燈具的開關；書桌貼皮翹起，就把老舊書桌櫃門那已經掀起的美耐板撕除，再一片一片的將門板慢慢貼上喜歡的布料，最後看著原本老舊髒汙的美耐板換成喜歡的布料，整個書桌變得跟新的一樣，成就感無限；老舊到坐不住的書桌椅，換上白漆，用不要的舊衣包入棉花，綳在椅墊上，老舊書桌椅變得煥然一新，原本很難坐的椅墊也因為包入棉花而變得膨軟；房間的門髒了，我就重新上漆，心血來潮還會在門上畫畫，或是剪下雜誌或餐巾紙上喜歡的圖案，黏貼在門上，整個舊門就換了新模樣。

小時候我也是那種前一天晚上會把第二天要穿甚麼衣服準備好的人。某天家人帶我去廟裡祈福，媽媽問我許了什麼願，我回答：「當中國小姐」。誰叫當時每天電視都在強力播放「中國小姐選拔」，現在想來還是覺得傻得好笑。長大了，開始愛在指甲上作畫，當時的我可以不用任何工具，只用指甲油的刷子就能在指甲上畫出極細的線條，變成格子，豹紋，千鳥格，現在想來都不可思議。更愛改造已經不穿的衣服，像是把領子剪寬、在毛衣燙上貼布、在素淨的黑衣縫上鉚釘、把過寬的褲子縫成窄版細身褲、把少穿的鞋子黏上金屬裝飾、不穿的牛仔褲改成牛仔長裙或迷你裙。

這一切，從沒有人教過我。但要說是無師自通，倒不如說：全然就是為了「美」這個字！因為覺得傢俱醜、覺得衣褲鞋帽有更美的可能，自然而然地衍伸出來的變美行動，長大後我才知道那叫做「DIY」、「手作」、「蝶古巴特」等等名詞。頓時恍然大悟，原來，我從小就跟手作脫不了關係。

當然，除了愛美，也不能忘了金牛的實際。我喜歡漂亮的東西，卻不愛空有外表卻不實用的物品。我熱愛各種烹飪用具、餐具，就是因為他們不僅漂亮，也可以拿來煮食，盛裝菜餚，甚至光是擺著時，也能是好風景。實用又美觀，就是我愛的物品風格！

這次要非常感謝怡寧的邀約，讓我這個懶人重拾了手作的熱情，近而出版了這本實用的書籍。這本書除了把一個東西倏地變成另一個意料不到的物品那種驚喜外，我更希望能兼顧到美感與實用性。書裡有幾個品項就遵循這條美觀與實用並濟的路途前進著。像是把少用的相框變成托盤、烤肉網變成書架、老舊的湯勺作成燭臺、平常會丟棄的罐頭與蛋殼變成展示收納、老舊的傢俱省錢改造後又是新風貌。

　　許多一般般的收納木盒，也可以讓它變得更多功能：像是變成信箱、鄉村展示架、甚至變成可以讓多如繁星的縫線、紙膠帶列隊排好的新家。裝修剩下的廢棄木條，沒用的層板，可以來做成拍立得展示架、花色置物夾、多彩烹飪小物的收納架，甚至可以做出烹飪迷必備的三格鍋物架，不僅漂亮，更希望能具備著實用性質。最後，還有許多居家綠意布置的小點子，省下預算，也能讓居家氛圍更美好！

　　不僅僅是舊物翻新、新品仿舊，我還希望這本書除了可以讓手作中毒者多一些讓居家環境變美好的小點子外，更是可以喚起你我記憶的一個個美好故事。每個物品，都有屬於它的故事。這本書裡的每個物品，對我來說都是一個故事的凝結。

　　寫這本書的時候，我想起了魚小姐家巷口那不復存在的韭菜盒攤，懷念起辣椒香。我想起汀洲路上的圖書館變成王貫英圖書館，也懷念起那裡教給我的文字養分。我想起姍小姐家冷凍庫裡超美味的牛角麵包及起酥片，還有我們做的草莓蛋糕。我還想起了好久沒吃到的錢櫃超美味水餃，還有甜膩卻鬼打牆不斷續壺的奶茶。也想到了與先生 KJ 一些生活中的搞笑對話，好氣又好笑，更想念起外婆老佛爺那香滑腴肥的腿庫皮、蒸蛋，嘸起味蕾中的記憶。

　　每個物品，都帶有我的青春記憶。46 個帶有故事的生活提案，哪一個也曾是你的故事？

aiko

CONTENTS

Brick&Paint

磁磚、木材，看起來好像男子漢般的生硬，

柔弱的女子們，一點也不想與它們為伍。

但在預算不高的裝修布置中，這些看似粗勇的生硬角色，

卻出乎意料的，往往能讓居家氛圍變的和諧與美麗。

方塊的、木紋花色、板岩面材質，不同花色的磁磚，

搭配在空間中，就能讓居家氛圍大大改變。

讓我們捲起袖子與褲管，將鋼鐵化成繞指柔。

PART 1
磁磚塗料布置

PROJECT 001

的逆襲

文化的

「以後我家裡一定要用這個。」

當我第一次看到文化石，心裡就冒出這個想法。

一片一片，不規則的外型，非常有手感。好像紅磚，卻又不是紅磚；好像石膏，卻又不是石膏。而且感覺一用了它，家裡就很歐風，不管是溫暖的米白、沉靜的灰、或是很美式的磚紅，都讓人眼睛一亮！

當搬了新家時，看到這一面牆，腦海裡馬上顯現出它被貼滿文化石的模樣。就是夢裡一直想要的場景，於是立馬下訂這產品。

文化石價格不算低，施工工資也是。因為已經從貴婦被貶到平民主婦的世界，能省則省。於是，能自己動手就自己動手，畢竟 KJ 貼磚也不是一天兩天的事情，頂多歪歪扭扭、頂多上上下下，能有甚麼大問題？KJ 也二話不說，頂著又是自封的「貼磚王」名號（這人也太多自封的名號了吧？）踩著高馬椅，下海開貼。

沒想到文化石還真是不太一樣。重量比較重，邊貼容易邊滑，貼得 KJ 罵聲連連，幾乎丟了「貼磚王」的美譽（自封的算美譽嗎？）後來泥作師傅笑我們傻傻的，由下往上貼，不就不會滑落了？我們這才想到：「對阿，我們幹嘛由上往下貼？」果然傻不隆咚的，然後邊貼邊滑落，又邊貼邊罵。

文化石材質又比較脆弱，裁切時，一不小心就碎裂，KJ 依舊對著文化石罵聲連連，我則對著 KJ 罵聲連連，因為文化石不便宜，所以身為平民主婦的我很緊張！就連傑西都不顧一切的一定要在他旁邊當監工寶。

這一切，就在貼到罵聲連連、貼到監工寶都睡著的情況下完結了。整面貼好後，也是很美，就跟我夢裡想

所需材料 -

易膠泥

鏝刀 x1

捲尺 x1

文化石

磁磚切割器 x1

像的一模一樣。不過最後可能罵聲連連太多，文化石也來了場逆襲！

專業師傅貼磚，總是要先將牆面打毛，以免磁磚掉落。但我們懶人貼磚從不打毛，大大小小也貼過近五六種磚。不只牆壁，還有直接在壁紙上開貼，甚至在磚上再貼磚都有，就這樣經過了五、六個年頭都很安然無恙。

所以貼文化石時一樣沒打毛，一開始只是想試試看，就偷用了泥作師傅暫放現場的易膠泥。別人的東西也不好意思用太多，只能意思意思塗個一兩下，就像只剩一匙的草莓果醬，要塗在兩片土司上那樣的意思意思。想當然爾，文化石比一般磁磚重上不少，易膠泥上得不夠，抓力不夠緊，幾個月後，最上面那幾片黏著劑上得少的，就這樣老實不客氣的掉了

下來，是這五、六年貼磚經驗裡的敗筆。

文化石因為重量較重，上牆時建議牆壁還是要打毛，黏著劑也記得要牆面跟文化石上都要上妥再黏貼，才不會有敗筆。但錯有錯著，掉了幾塊，幾個來家裡採訪的雜誌編輯反而覺得更有 LOFT 感，令我們出乎意料。當然也更有藉口發懶不再貼回去，反正人生嘛，開心就好。

突然想到最近 FB 上流傳的秘密心法。在揉麵糰的時候，輕聲的跟麵團寶貝說：「你很好吃，你很好吃。」做出來的麵包就真的比平常沒放感情時製作的的麵包好吃許多。我想，下次貼磚的時候，我們絕對不能再罵聲連連。真的忍不住想罵的時候，一定要換成：「你不會掉，你不會掉……」

STEP BY STEP...

1 先簡單放樣。

2 將易膠泥與水調和成黏稠狀後，塗佈在文化石背面依序黏貼在牆面上。

3 這裡是錯誤示範，文化石應該由下往上貼，我們則是由上往下貼，重量會讓文化石不斷下滑，切記。

4 整塊黏貼完畢後，用捲尺測量零散尺寸。

5 用磁磚切刀切割。

6 切割完的文化石邊緣很利，兩面磨一下減少利度。

7 再塗抹上易膠泥，慢慢的黏貼至牆上空隙。

8 看起來困難的文化石，其實也能自己動手來。

DATE/TIME:
MAY 12,2013 13:40

輕布置微裝修花費預算

文化石 一箱	$1200
（一箱可貼 1 ㎡，約 1/3 坪）	
易膠泥	$500
鏝刀＆磁磚切刀	$2000
工資	$0
共計	$3700 起

（按個人空間大小文化石用
量價格不同）

自己貼也許不完美，但省下
的工資，也許足夠再買一面
牆的材料。

9 即使是角落，怎麼看都美妙！

10 而監工寶已經累到呼呼大睡
了……

木地板之真假王子

小時候喜歡鮮豔的普普風，
年紀漸長就愛上了沉穩的木色。

許多人都喜歡木地板，就是因為它能給人溫暖的感覺，而且冬天赤著腳走也不覺得過於冰冷，很有家的感覺。

但在室內設計業待久了，看多了許多變型、翹起的問題，但這些真的不是木地板的錯，而是在於台灣真的太潮濕，非戰之罪呀！自己的家當然也想要溫暖的氛圍，但一想到可能有維修的問題，就讓懶人卻步。所以遲遲不敢下手，觀望再觀望、等待再等待，就是沒把木地板先生接進家裡！

但是科技日新月異下，也許人變得疏離，但不得不說也有很多便利。

提拉米蘇可以做的像盆栽。
蕈菇濃湯可以做的像咖啡。
磁磚當然也能做的像木地板。

於是，我能擁有木地板漂亮的外表，卻又不用擔心在台灣潮濕環境下的維修問題，真是個無敵的好物。不過有一好沒兩好，單價比木地板高得多、踩起來還是比較冰冷！但與其有維修問題，冰冷倒是好解決得多，穿個拖鞋就好。最重要的是這是 KJ 以前客戶不要的貨，免錢最高。

再把跟濟公師傅汙垢丸一樣色系的磁磚刷上白漆。靜待揭曉，完美女神就出現了⋯⋯

所需材料 ┈┈┈┈┈┈┈┈┈┈┈┈┈┈┈┈┈┈┈┈┈┈┈┈

木紋磚

水泥

鏟刀

磁磚切割器

調色漆

海綿

1 先將木紋磚放樣。

2 因直接貼在舊有的磚上,所以需用水泥大略整地。

TID:501612
MID:540015435385
DATE/TIME:
MAY 12,2013 13:40

輕布置微裝修花費預算

木紋瓷磚	$0
水泥＆砂	$200
填縫劑	$100
鏝刀＆磁磚切刀	$2000
工資	$0

共計:$2300 起
(依空間大小及磁磚價格會有不同)

磁磚廢料再省下工資,省下的費用會令你大吃一驚,舉例:木紋磚材料:$3000/坪貼工:$1200/坪,合計一坪就省下 $4200,面積越大貼越多賺越多(?),總之是居家改造的省錢好幫手。

3 趁水泥未乾前黏貼木紋磚,再用木槌輕敲,讓黏著度更好。

4 黏貼完畢後靜置一到二夜待乾,之後再用水調和填縫劑至濃稠,用抹刀填入縫中。

5 稍待一會即利用海綿將磁磚表面填縫劑清潔乾淨。

6 最後再將髒汙磁磚塗上調和漆，髒汙不堪的牆面即煥然一新。

7 亮白無瑕的空間感，襯托出舒適的好感覺。

改造前後大對照

BEFORE...

AFTER...

的愛相隨
紙膠帶與水泥漆

有 段 時 間 ， 我 熱 愛
水 泥 漆 與 紙 膠 帶 的 搭 配 。

　　他們兩個真是合作無間，天衣無縫。貼直的膠帶，刷出來的漆就是直的，不會變圓的，更不可能變尖的，怎麼種、就怎麼收，絕不會背叛你，忠實的很！

　　紙膠帶配上水泥漆的戲法，跟著我度過了七年的光陰。不管是臥室主牆、餐廳牆面、公共梯間，我總是用這種方式贏得了滿堂彩。一樣是花了刷漆的氣力，不過就多了貼遮蔽紙膠帶的前置作業，但等到刷完漆撕下膠帶的那一霎那，就注定了妳會獲得大家讚嘆的掌聲。

　　但其實，天知道這遮蔽紙膠帶配上水泥漆的戲法有多簡單？就像電影《大魔術師》裡面，真真假假、虛虛實實罷了。

　　想要低調不被上色，就貼上膠帶，這是虛。想要高調漆上亮采，就省下膠帶，則是實。虛虛實實、真真假假，都由妳這個魔術師決定！

　　雖然各有巧妙不同，但戲法人人會變，妳或你當然也可以當大魔術師。來點戲法吧……

所 需 材 料 ------------------------------------

包丹

紙膠帶

水泥漆

STEP BY STEP...

1 貼上遮蔽紙膠帶營造漆面條紋感。

2 用紅色色母調出深淺粉色與桃色漆料。

3 開始均勻塗佈。

4 撕下塗佈膠帶。

TID:501612
MID:5400I5435385
DATE/TIME:
MAY 12,2013 13:40

輕布置微裝修花費預算

白色水泥漆	$100
色母	$30
油漆刷	$40
紙膠帶	$20
工資	$0
共計	$190

只要花費 $190 元改造，就能營造出外面一杯飲品售價超過 $190 元的貴婦午茶店氛圍。太超值太超值～

5 這樣的布置搭配令人心生嚮往。

改造前後大對照

BEFORE...

AFTER...

PROJECT 004

森林系 梯廳裡的

哇 塞 ， 光 是 梯 廳 的 空 間 就 那 麼 大 ，
好 猛 ！

剛要搬到新家的時候，有兩個深刻的印象：「哇塞，光是梯廳的空間就那麼大，好猛！」「哇塞，地板黑成這樣，好嗨。」

很喜歡大大的梯廳，坐在花台邊緣聽著雨聲，或是讓陽光溫暖著自己都很舒服。

原本梯廳沒有打算改造，畢竟是公共區，有一半還不是自己的，總是下不了手！而以前是磁磚業務的 KJ，不知道該說他是人緣好還是前同事想害他？某天 KJ 接到電話，說是有箱白色木紋磚退貨要處理掉，丟掉浪費，問他要不要？

正值裝修時候接到這種電話他內心還真是天人交戰。收下了，梯廳就

有可能變美。但同時也代表著他又得老身上陣。掛了電話後的 KJ 詢問我的意見。「當然好阿，而且你又那麼會貼磚。」平民主婦於是擠出甜死人不償命（有嗎？）的笑容說著。

男人嘛，就是這麼單純。你看，說幾句好話，就開開心心的接下了磁磚搬了上樓，又開開心心的把磚貼好，我則把跟濟公師傅汙垢丸一樣色系的牆壁刷上白漆，再把冷冰冰的鐵門請師傅貼上 PVC 木紋磚。

「我老摳摳了。」貼完磚填完縫腰快直不起來的 KJ 哭喪著臉說。「濟公師傅變成森林系女孩了！」我則開心的笑著。

所 需 材 料 --

磁磚

易膠泥

鎚刀 ×1

磁磚切割器 ×1

STEP BY STEP...

1 首先將磁磚在玄關欲貼處放樣。

2 以木板測量平整度。

3 將易膠泥加水攪拌成黏糊狀,塗佈在磁磚背面。

4 開始依序黏貼。

5 並用木槌輕輕敲擊磁磚,讓黏著劑更加服貼。

6 大區塊黏貼完成。

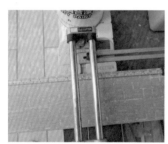

7 大區域黏貼完成後,小區塊用磁磚切刀將磁磚切割成適當大小。

8 玄關黏貼完成,靜置一至二晚,勿走動待乾固定。

9 將水加入水泥中混合成黏稠狀,作為填縫劑。

10 開始填縫。

11 靜置一會。

12 趁填縫劑未乾時用海綿將磁磚表面清理乾淨,再鋪上自己要的踏墊,即可完成。

改造前後大對照

BEFORE...

AFTER...

TID:501612
MID:540015435385
DATE/TIME:
MAY 12,2013 13:40

輕布置微裝修花費預算

白色木紋磚	$0
易膠泥	$500
鏝刀&磁磚切刀	$2000
填縫劑	$100
工資	$0
共計	$2600 起

(依空間大小及磁磚價格會有不同)

磁磚廢料再省下工資,省下的費用會令你大吃一驚,舉例:木紋磚材料:$2000元/坪,貼工:$1000元/坪,合計一坪就省下$3000元,貼越多賺越多(?)。

在我家 ㄇ型桌 經典款

一 直 想 要 一 張 詩 肯 柚 木 的 桌 子 。

搬家的那一刻，我告訴 KJ，我這次甚麼都要買好的！我要買高科技的家電、高科技的馬桶、高科技的電視、高科技的多合一暖風機、還有高貴的桌子。

誰知道，人算不如天算。家裡那麼大，要放的傢俱也得變大、要買的家電也得變多。想要大廁所、大廚房，要花的錢就更多了！算一算，我的高科技家電、我的高科技馬桶、我的高科技電視、我的高科技的多合一暖風機、還有高貴的桌子都只能跟它們說聲再會。

接著，我就要從貴婦世界貶回到平民主婦的身分，開始尋找物美價廉的方法了！想要簡單不複雜的北歐風、想要實木、想要自己喜歡的木色漆等等，想要的東西越多當然就越貴，

便宜的價格中，卻都不是自己想要的風格。想著想著：「看來只有自己下海這條路了！」平民主婦如是說。

於是開始先在網路找尋實木料吧！喜歡的柚木還是超過預算，平民主婦實在錙銖必較的可憐。後來選了黃檜這種木頭，雖然沒有像柚木花色那麼美，但簡單不出錯，價格又便宜，就決定是它了！

在下單的時候，請務必頭腦清楚，不然很容易算錯尺寸。不是太大就是太小要不然就是太高，到時候衝冠一怒為桌子也不太好。所以請保持充分的睡眠、吃過早餐、心情愉悅後再來下單。

最後，捲起袖子，拿出白膠跟 L 型鐵片，開始上工吧。經典ㄇ型桌就要登場了⋯⋯

所需材料 ┄┄┄┄┄┄┄┄┄┄┄┄┄┄┄┄┄┄┄┄┄┄┄┄┄┄┄┄┄┄┄┄┄┄┄┄┄┄

木板 x1
白膠 x1
螺絲
起子 x1
L型鐵片

1 拿出裁切好尺寸的桌面木板。

2 將大片的桌板與兩小片的桌腳放樣，確定後即在桌面及桌角接縫處塗上白膠。

3 準備 L 型鐵片及螺絲。

4 用起子及螺絲固定 L 型鐵片及木板，使之呈現直角。

5 記得將擠出的白膠擦拭乾淨。

6 靜置一晚待乾。

7 ㄇ型茶几完成，簡單上漆讓表面有仿舊感，
省預算也有美麗又好用的茶几。

TID:501612
MID:540015435385
DATE/TIME:
MAY 12,2013 13:40

輕布置微裝修花費預算

黃檜實木板材　　約 $1500

L 型鐵片　　　　 $40

白膠 & 螺絲　　　 $40

木器漆　　　　　 $100

工資　　　　　　 $0

共計：$1680 起（依木材大
小及漆料多少價格會有不同）

$1680 元就能營造出知名傢
俱店近萬元的茶几風格，雖
然工沒那麼細，木材沒那麼
高級，但省錢第一！

餐桌

大作戰

一 直 以 來 ， 一 張 大 大 的 長 桌 是 我 的 夢 想 。

三米的大長桌，上面杯盤狼藉著，有酒杯、水杯，還有一大堆未洗的碗盤。轉過身往層板上拿取新的杯具、再將蛋糕盤拿下，放入親手製的戚風蛋糕。順手拿起醒酒壺，小酌一番，由午餐時段，配著大夥談天時悅耳的銀鈴笑聲，一眨眼，又到了午茶時間。

一個親手製的蛋糕、一杯杯膠囊變出的咖啡、或是新奇又時尚的氣泡水、甚至來杯現做的熱呼呼豆漿，話題永遠斷不了，一切的歡愉及美味，都在長桌上發生著。想要有個實木大長桌，最好還要在落地窗邊，然後桌子要有三米以上的長度，配上木椅凳。嗯，還要配上陽光。

經過平民主婦的明察暗訪，符合這樣的條件，價格可是超過預算太多太多。在裝修就把錢花得差不多的情況下，還有一兒一女這對狗貓拖油瓶，哪有可能生出將近十萬的錢買張餐桌？

於是，我轉頭看著正在觀賞《奪魂鋸》看得入迷的 KJ，邪惡的想著：「好在你還有利用價值。」然後默默的按下購買鍵，沒多久，比我們還高，比我們還重的木頭就一一送到家中，這時 KJ 才驚覺中計，但為時已晚。

我快速的告訴他：「這個是桌面！」「這個是桌腳。」「這個抓板要裝在這裡……」並從工具箱裡翻出白膠跟一大堆的 L 型鐵片，並指派傑西監工，自己就逍遙快活的繼續上購物網站採買！

請在睡飽吃飽心情愉悅的情況下抓尺寸訂購，不然桌腳長短不一，太高太低或是桌面太大太小就為時已晚。

「只花了 1/5 不到的價格呢！」我嘴角揚得跟天一樣高。「對啦，我的工資永遠都不算錢。」KJ 依舊哭喪著臉說著。上完漆後，傑西監工寶的職務做得極佳，開個罐頭犒賞他。晚上不如就在新餐桌上看《奪魂鋸》續集吧！

所需材料

木器漆 x1

白膠 x1

裁切好木板材

L 型鐵片

螺絲

起子 x1

STEP BY STEP...

1　以桌腳為主，四邊支架與桌
腳交接處先塗上白膠黏合。

4　將桌面木片放置於塗滿白膠
的桌腳及支架上。

8　將邊緣打磨至小圓角，以免
割手。

TID:501612

MID:540015435385

DATE/TIME:

MAY 12,2013 13:40

輕布置微裝修花費預算

黃檜實木板材：約 $12000

L 型鐵片：$190

白膠 & 螺絲：$60

木器漆：800

共計：$13050 起 (依木材大小及漆料多少價格會有不同)

$13050 元，就能做出市價六萬以上的超大實木餐桌，花力氣換省錢，依舊值得。

PART1
磁磚塗料布置

2 先大致放樣，確定位置後拿出 L 型鐵片鎖上螺絲固定。

3 支架與桌腳結合成的骨架成型後，靜置一夜待白膠全乾，隔日翻轉成立面。

5 用木條鎖在兩邊支架中固定於桌板下，在支架中當橫料，使桌身更不易變形。

6 監工寶傑西依舊出現。

7 靜置一晚待白膠乾後，整張桌子就很穩固。

9 準備上漆，讓實木桌更溫潤也能延長壽命。

10 傑西依舊賣力監工著。

11 漆料塗佈完後待乾即可完成。

033

Carpenter

木，是大自然中最棒的禮物。

我們可以用木製作出各種大型傢俱，美好小物，

讓生活中充滿更多自然感。

而其實自己做木工一點也不難！

不需要大型的工具，只需要花費氣力，

買上幾片喜歡的木頭，配上螺絲及鉸鍊或鐵片等各種五金，

你會發現，你能做的，比你想像的多更多。

PART 2

輕 木 工 手 作

TID:501612
MID:540015435385
DATE/TIME:
MAY 12,2013 13:40

輕布置微裝修花費預算

木尺	$39
飛機木	$20
保麗龍膠	$10
木器漆	$10
共計	$79

$79 元營造出家飾店 $300
元左右的收納架，仿古色系
就能呈現復古的文具風格。

　　小時候，我是個文具狂。還
記得那年代的鉛筆盒超有戲。同
時鉛筆盒也是小人世界社交裡數
一數二的高地位象徵！

　　不過就是個鉛筆盒，但就有
分塑膠的、鐵盒的、帶磁鐵的、
雙層的等等。還有更厲害的就是
那種有超多按鈕的鉛筆盒。這邊
一按是橡皮擦槽，那邊一按則是
放尺的空間，這邊一按則彈出可
以放迴紋針的地方，鉛筆盒之花

狂想曲 木尺

1 先用砂紙將木尺上的亮光
漆磨除。

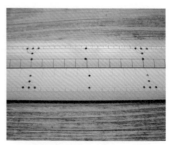

2 磨除亮光漆後的木尺更加
質樸。

所需材料　　木尺x2　　保麗龍膠x1　　砂紙x1

飛機木x1　　木條x1　　刀片x1

俏儷然就是變型金剛的分身，根本可以跟錦衣衛的暗器盒媲美。

比起現在孩子在比較父母開的車子、比較誰的衣服鞋子貴、比較誰家的管家多，想一想我們以前用鉛筆盒當作身分地位的象徵，感覺帥氣多了。而以前看到橡皮擦就是愛蒐集。漫畫圖案的、有香味的、螢光的，還有號稱可以把原子筆擦掉的那種。跟同學交換橡皮擦，也是不可或缺的社交活動！

蒐集完橡皮擦就是尺。有長度超長的、尺寸超迷你的、夜光的、軟的尺、硬的尺，用力在手上拍一下能變成手環的、除了直還能畫出曲線的、一長一短連成直角的、金屬的、塑膠的，甚至還有木頭製的尺。

光是尺就有這麼多的種類。我的小人生活還真是忙碌！看到抽屜裡快爆炸的文具區，以前實在不想整理，總是默默的又關上了抽屜。不如，把以前用不到的文具，來譜首狂想曲！

3 在木條側邊塗上保麗龍膠。

4 蓋上木尺作為木盒側牆。

5 拿出飛機木量出木尺盒內的寬度大小。

6 裁切飛機木成為內部隔板。

7 靜置一晚待乾。

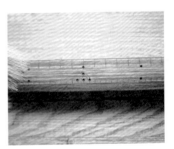

8 刷上木器漆，並用砂紙刷出仿舊感。就能完成一個美觀又實用的小型收納盒。

史奴比的
信箱窩

有段時間我超喜歡史奴比。

當班上的美女們不斷的瘋狂蒐集 Hello Kitty，我則反其道而行，愛上了史奴比。不為什麼，單純的因為小時候愛狗多過愛貓，而且不想跟大家都一樣。

那時候鉛筆盒、鉛筆、尺、橡皮擦、各種筆，身上的任何東西，我都想要是史奴比的圖案，甚至不是史奴比的，我就用貼紙貼成史奴比的產物，想來還真有點瘋狂，不外乎就是喜歡這個純白色卻有一對黑耳朵的神奇獵犬。

每次看著史奴比又在紅色的狗屋上休息，開始幻想著今天自己是醫生，明天自己是律師，然後查理布朗叫他的時候，他永遠記不得主人的名字。更重要的是史奴比的興趣是寫小說，還愛吃披薩與冰淇淋，也根本不覺得自己是條狗。

完全不像印像中該有的狗狗，就是讓我喜愛的原因。喜歡他穿著飛行服、戴著飛行鏡的樣子，也喜歡他騎著腳踏車載著糊塗塔克的樣子，甚至喜歡他搶奈勒斯毛毯的樣子。當然，最喜歡的還是他躺在紅色狗屋的屋頂上幻想的時候……

所需材料 --

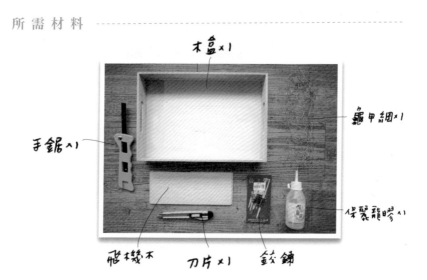

木盒×1

龜甲網×1

手鋸×1

保麗龍膠×1

飛機木

刀片×1

鉸鍊

1 拿出小塊的飛機木塗上保麗龍膠,將木盒兩端其中之一的孔洞遮蔽。

2 用手鋸將另一邊的孔洞挖大一點,好讓信件放入。

3 將剛剛切割出的孔洞用砂紙打磨平整。

4 用保麗龍膠固定飛機木與木盒下半部。

5 裁切飛機木做出信箱門框。

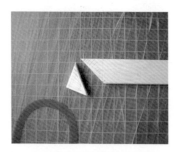

6 門框接縫切斜邊讓小門更有質感。

7 用飛機木裁出三角形當信箱上緣裝飾。

8 黏貼三角裝飾至信箱頂部,並將做好的門放樣。

```
TID:501612
MID:540015435385
DATE/TIME:
MAY 12,2013 13:40
```

輕布置微裝修花費預算

木盒	$39
飛機木	$20
五金	$20
保麗龍膠＆油漆	$30
龜甲網	$30
共計	$139

$139 元營造出鄉村家飾店中販售至少 $600 元產品的氛圍，是不是很有成就感？

9 將門框黏上龜甲網，以重物壓後置放一天以上待乾。

10 將門與木盒以鉸鍊固定。

11 喜歡多彩的朋友可以拿出喜歡的油漆及調和劑。

12 刷上喜歡的油漆色彩。

13 最後用可愛圖釘當把手。

14 完成後，門邊也可以用記事夾以夾住便條，一舉多得。

美好展示架

漂亮的東西，就不該藏起來。

漂亮的東西，就不該藏起來。台灣人好愛乾淨，總是為了怕喜歡的東西沾灰塵、擔心不好清潔，所以寧願做好多櫃子，把漂亮的東西供奉在抽屜裡。日復一日，漂亮的東西越來越多，櫃子也越來越滿，反而忘了漂亮東西的存在。因為從它到來的那刻，就在抽屜裡生活著，存在感太低。

我則熱愛把漂亮的東西放出來。有看過《玩具總動員》嗎？那些被收在紙箱裡，束之高閣的玩具們，晚上都在偷偷哭泣著。他們總希望自己能被擺在最顯眼的地方，讓回到房間的安迪一眼就看見，永遠不被遺忘。

想要更衣室，我就要做成像服飾店一樣的模式，各種衣服依序排開，好看之外更好拿取，不用擔心春夏秋冬更換衣物的問題。想要大廚房，我就要做成像廚藝教室一樣的模式，各種鍋具，調味料一字排開，要用時不需要多一個打開抽屜或櫃門的步驟，放著就很美。擔心染灰塵，沾油煙，而把東西收起來，它們真的會很難過。相較之下，太過擔心，也讓自己生活太過於緊繃。

其實每次用完物品後，基本的擦一下，都不會有太大的問題，不要擔心灰塵，讓心情更放鬆，多一點自在，多包容一點髒亂，生活會更美好。像我超能接受髒亂，畢竟一貓一狗的毛

所需材料

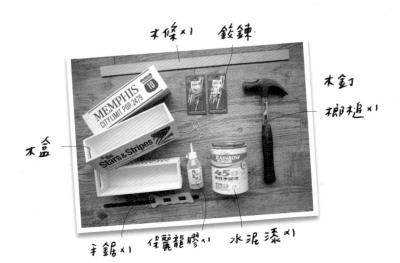

木條x1　鉸鏈
木釘
榔頭x1
木盒
手鋸x1　保麗龍膠x1　水泥漆x1

掃起來可是能織件毛大衣了。每次出門在外，朋友指著我衣服上的毛，問到：「是你們家寵物的毛嗎？」我都很開心的回答說：「是啊。」恬不知恥的一點也不害臊。

畢竟，美好的事物，總要展示出來，才能證明真的存在過。就像我們家那隻存在感超重的法國鬥牛犬傑西，甩都甩不開啊！把美好從櫥櫃裡拿出來吧……

1 將木盒塗上保麗龍膠。

2 上膠的面與另個木盒黏貼。

3 待乾後量出高度尺寸。

4 在木條上劃出木頭高度的記號。

5 以手鋸鋸出所需尺寸，以作為展示架外門。

6 先排列放樣，確定外門樣式。

7 切割出欲接合木門的小木條，並塗上保麗龍膠。

輕布置微裝修花費預算

木盒	$117
五金	$50
廢棄木條	$0
保麗龍膠&油漆	$20
共計	$187

鄉村家飾店動輒近千元的展示架，讓我們用 1/5 的價格完成它吧！

8 小木條與直木條，垂直黏貼固定。

9 待保麗龍膠乾了之後，外門即可完成。

10 再將木門與展示架以鉸鍊固定。

11 整體上白漆，營造一體感。

12 在門片上喜歡的位置敲入漆上白色的木釘，可供吊掛小物。

13 完成。

框起美好的瞬間

曾 經 ， 我 迷 戀 拍 立 得 。

拍立得是一種將瞬間變成永恆的魔法！還在底片機時代的我們，每次都要集滿 36 張照片，半格相機甚至還要拍滿 72 張，才能把膠卷送到沖印店，等到照片的到來，再跟朋友一起選喜歡的照片加洗，等待總是好漫長！

某天，接觸到了即時顯像相機。只要按下開關，閃出一些亮光。喀擦一聲後，機器就會吐出一張帶有白框、黑黑的紙。驚人的是，沒多久，那張黑色的紙就會浮出剛剛的你。現在在底片上看到的你，是半分鐘前的你。就像是時光旅程一般，讓我驚奇不已。而等待顯像的那半分鐘的時光，總讓人雀躍。

到了數位相機時代，相機螢幕上已能即時顯示上一秒拍攝完的照片，方便且又迅速確實。速食年代，拍立得卻漸漸式微。但在數位相機充斥市面已經十幾年後的現在，拍立得又開始引起風潮，溫故知新。雖然底片不便宜，但能看到半分鐘前的笑容，仍是值得。

我想，不只是我。大家也都迷戀那半分鐘時的愉悅期待吧。把瞬間變成永恆，這是我愛上拍照的原因。框起美好的瞬間，到了不同年歲，再來回憶當時的美好吧！

所 需 材 料 --------------------------------

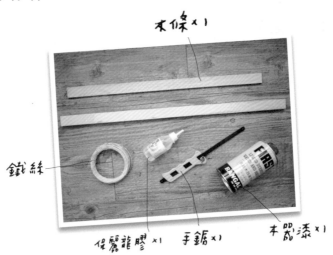

木條x1

鐵絲

保麗龍膠x1　手鋸x1　　木品漆x1

STEP BY STEP...

1 在短邊木條上鑽出小孔洞，方便穿入鐵絲。

2 用保麗龍膠將長短木條以垂直方式黏合固定。

3 靜置一晚待乾。

4 整個塗佈上木器漆，增加仿舊感。

5 將鐵絲穿過短木條鑽出的孔洞。

6 外圍用旋轉方式收尾固定即可。

7 可愛的木框就能紀錄著我們的美好歲月。

TID:501612
MID:540015435385
DATE/TIME:
MAY 12,2013 13:40

輕布置微裝修花費預算

廢棄木條：$0

鐵絲 & 保麗龍膠：$20

木器漆：$10

共計：$30

$30 元就能把美好框住，最重要的是市面上的鄉村家飾店，至少都要 $300 元起跳，當場省下 1/10，太棒了！

烹飪夢 裝可愛的

讓 我 們 用 意 想 不 到 的 水 管 夾 ， 來 做 場
彩 色 的 烹 飪 夢 ！

我真的很熱愛烹飪用品。小時候蒐集文具、長大蒐集飾品、現在蒐集餐具！我想，可能是因為小時候沒有玩過辦家家酒的彌補心態。不知道從哪時候開始？印象中的鍋具，從清一色的中華料理黑炒鍋，配上永遠不變的金屬鐵鏟，開始變得多彩。紅的鍋黃的鏟，鍋具的生命開始由黑白變得彩色。甚至還有愛心、番茄、南瓜形狀等，以及少女最愛的粉紅限量版！

以往的社會，烹飪是為了填飽肚子。隨著一鍋一鏟起舞的金屬碰撞聲響中，養活一家人。

動盪，讓能吃飽變成最重要的事；現在的社會，烹飪則是因為興趣使然。不同的菜餚要搭配不同的鍋具跟鍋鏟，鉅細靡遺。要用很漂亮的鍋子，盛裝很漂亮的食物。還要拍照放在部落格或臉書上，博得滿堂彩。

烹飪的任務，從吃飽到吃巧、從求生存到愛生活。唯一不變的是繽紛的色彩，讓看似沉穩的熟女，也為之瘋狂。讓我們用意想不到的水管夾，來做場彩色的烹飪夢！

所 需 材 料

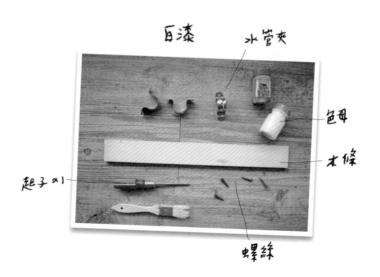

白漆　　水管夾

色母

木條

起子 ㄨ1

螺絲

1 將綠色色母加入白色水泥漆中，調出喜歡的色系。

2 調合均勻，白色漆就變成美麗的綠色。

3 將木條裁出適當大小後，刷上綠色漆待乾。

4 再將藍色色母加入白色水泥漆中進行調色。

5 調和均勻，直至達到心目中滿意的色系。

6 將調合完的粉藍色漆塗在水管夾上。

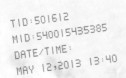

TID:501612
MID:540015435385
DATE/TIME:
MAY 12,2013 13:40

輕布置微裝修花費預算

廢棄木條　　　　$0

水管夾＆五金　　$20

漆料　　　　　　$10

共計　　　　　　$30

$30 元營造出完美的 COLOR-
FUL 風格，在一般家飾店中，
不到 $300 元可是買不到的。

7 待乾。

8 將水管夾依序用螺絲固定在木條上。

9 最後在木條上方鎖上掛勾五金後，塗上同色漆，就能完成。

PROJECT 012

膠帶

出頭天

膠帶，是一種連接物品的媒介。

膠帶，是一種連接物品的媒介。透明的色系，怎麼黏都不出錯。正因黏著物本就不該太搶戲，這樣淡淡的存在感，剛好。但在十幾年前，出現了許多帶有花色的膠帶。花柄款的、蕾絲款的、動物款的、條紋款的、水玉點款的、格紋款的，應有盡有。自此之後，膠帶再也不只是連結物品、郵寄商品時的黏著物，而有著更多小把戲！

花色膠帶的用途之多，總很難一一細數。貼在厚紙上可以當卡片、貼在相片外可以變成相框、貼在小物上可以當娃娃屋的壁紙、貼在物品上可以讓 Old Style 變成 New One。有耐心點的，貼在指甲上還能當甲片貼。可用的地方之廣，族繁不及備載。

用途百百種，所以從以前開始就是我的愛用產品。

這幾年，紙膠帶突然橫霸市場，不論是各種紙膠帶，像是素色的、花色的、寬的、細的，總是超火熱，就連教授紙膠帶用途的書籍也是大熱賣。紅到天邊去的膠帶們終於熬出頭！塑膠款的花色膠帶拿來改造物品，可以防水耐髒剛剛好。和紙款的紙膠帶可以任意黏貼在各種所在，不用擔心傷害物品表面。

用這種經紀公司的操作模式，當紅的膠帶也該跟以往同住的膠水、剪刀們分家。公司絕對會像對大明星般，幫你們準備一個專屬的化妝間。妳們可要好好的繼續做好搖錢樹的本分！只能說熬了十幾年的膠帶朋友們，妳們終於出頭天了！

所需材料

木條　木盒x1

螺絲

餐盤架

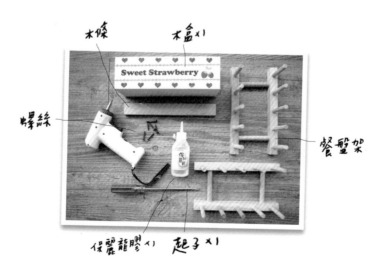

保麗龍膠x1　起子x1

1 將餐盤架沿邊切割分成兩組備用。

2 以保麗龍膠將餐盤架固定在木盒上。

3 切割木條,做為側墻固定料。

4 切割下的木條,以砂紙打磨使之光滑。

5 用保麗龍膠固定木條在木盒上、餐盤架旁。

6 基座與側墻就出現了。

TID:501612
MID:540015435385
DATE/TIME:
MAY 12,2013 13:40

輕布置微裝修花費預算

木盒	$39
餐盤架	$60
廢棄木條	$0
保麗龍膠 & 漆料	$10
共計	$109

紙膠帶當道,市面上動輒
六、七百元的置物架下不了
手?讓我們用 1/5 的價格來
完成它吧!

7 以保麗龍膠一層層將餐盤架固定在兩邊側牆木條中（擔心的人可以再鎖螺絲）。

8 上方兩處的餐盤架以斜角方式固定，將來才好拿取上面的物品。蓋上頂蓋木條，最後塗上白漆即可。

9 完成了，火紅的紙膠帶架妳也能輕鬆做出。

學人精的
夢想鍋架

不 知 道 哪 時 候 ， 愛 上 了 多 彩 的 鑄 鐵 鍋 。

不知道哪時候，愛上了多彩的鑄鐵鍋。紅的黃的藍的綠的，L牌的鑄鐵鍋實在太可愛！

而小阿姨知道愛鍋如我，也送了我一個紅色淺鍋與奶白色湯鍋，早該心滿意足。壞就壞在有天在好友郭伊森先生的店裡用餐，他竟然用S牌的鑄鐵鍋裝著我愛的肋眼上菜，那一刻，我又被吸引了！

後來到內湖我愛的餐具店肆意的逛著，才發現S牌的鑄鐵鍋超美。外面多彩，裡面漆黑，重反差讓色彩更迷人不說，深色的鍋具更不容易髒，真的是懶人必備的秘密武器。尤其是它三個一組的迷你鑄鐵鍋還有一個可讓鍋子架高的鍋架，實在誘人，當天在現場看到時，幾乎就像是貓看到老鼠般的見獵心喜，眼光怎麼也移不開。不過想當然爾，一看到價格還是讓平民主婦稍稍倒退了一百尺，當場黯然返家。但就像一見鍾情一樣，回家怎

麼樣都一直想到那三個漂亮顏色的小鍋，配上好有質感的木架，多好！但太貴了，我就是買不下手。

直到有天在購物網站上看到可愛多彩的焗烤皿，一個也才一百多元。送到家的時候，鮮豔的色系又像辦家家酒一樣可愛，每天光看著小鍋都忍不住微笑。但一直覺得好像少了些甚麼，三個焗烤皿皆備，原來就是少了個鍋架阿！

平民主婦的懶惰頓時一掃而空，立馬裁起板子挖起洞，就是要來個屬於自己的迷你鍋架組。完成後質感也許不比S牌的產品，但自己做出來的就是心滿意足、愛不釋手、欣喜雀躍（以下省略133個形容詞）。至於為甚麼不像S牌塗上黑漆更有質感？「反正到時一定會髒，髒後再刷黑漆，就能享受到兩種風格了！」原來，平民主婦早已切回了懶人模式！

所 需 材 料 --

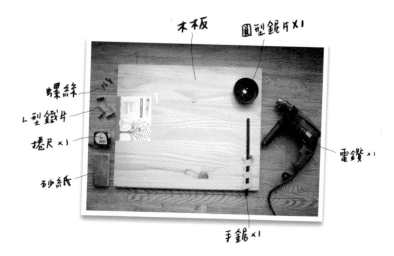

木板　　圓型鋸片x1

螺絲

L型鐵片

捲尺 x1

砂紙

電鑽 x1

手鋸 x1

STEP BY STEP...

1 將木板量出鍋架所需平立面尺寸。

2 用手鋸裁切出適當尺寸。

3 將切口以砂紙打磨，以免割手。

4 量出鍋底直徑，以便在木板上裁出對應的孔洞。

5 量出鍋蓋厚度，以便在木板上裁出對應的孔洞。

6 在木板上做出鍋蓋、鍋底尺寸的裁切記號。

7 電鑽鎖上圓形挖孔五金，準備挖出鍋底對應孔洞。

8 對準切割記號，準備開挖。

9 挖出的圓木塊不要丟掉，可以變成另一種產品。（蕾絲三層塔，p114）

10 鍋蓋架則用電鑽挖出左右兩孔，再用手鋸鋸開，並打磨光滑。

11 垂直面鎖上 L 型鐵片。

12 完成後，每個小鍋都有自己的位置。

TID:501612
MID:540015435385
DATE/TIME:
MAY 12,2013 13:40

輕布置微裝修花費預算

用不到的層板	$0
手鋸＆砂紙	$20
挖孔五金	$100
L 型鐵片	$40
共計	$160

市面要價約兩千元的鍋架，1/10 就能擁有它，還不快動手！雖然工法多少有差異，但能在家裡放上小鍋，還是開心無價……

PROJECT 014

縫
線
的

排
隊
潮

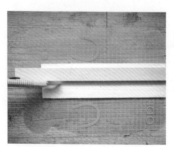

1 裁出符合木盒內緣的高度與長度。

2 等長一共四片，依需求備用。

TID:501612
MID:540015435385
DATE/TIME:
MAY 12,2013 13:40

輕布置微裝修花費預算

木盒：$39

飛機木：$20

保麗龍膠：$10

共計：$69

$69 就能做出鄉村家飾店要
價約五百元的仿古收納架，
縫線也能有自己的家了：）

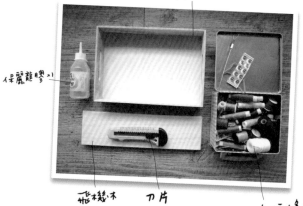

所需材料　木盒×1
保麗龍膠×1
飛機木　刀片
各種縫線

我有個小鐵盒，裡面裝滿了各種縫線。愛上縫線的開端，是小時候媽咪給我的一個針線包！

那是一個小小的透明包，還有橘色的小提把。以前不知道那是甚麼東西，只覺得好多顏色好漂亮！裡面除了好多顏色的縫線外，還有一個圓圓扁扁的盒子，裡面裝了好多亮亮的東西，原來那是大大小小不同號碼的縫針。還有一個銀色像葫蘆的薄片，前方有個類似鐵絲的鏤空菱形，原來那是穿線器。另外還有個粉色像倒過來的硬紙杯，原來那是碰到厚布或是皮革時，套在指頭上推針的器具。還有大拇哥跟食指一夾，就能斷線的小剪刀。光是縫線包，竟然有那麼多大大小小的小工具，就這樣開啟了我對縫線的熱愛！

以往有段時間沉迷縫線，想要蒐集各種不同的顏色。光是黃色，就有嫩黃、土黃、鮮黃。綠色也有草綠、深綠、黃綠。藍色更有深藍、淺藍、藍綠等等，根本蒐集不完的色系。久而久之，我的縫線包已經裝不下，得換換大的空間讓它們居住！而置放縫線的鐵盒早已生鏽，縫線也許久未拿起來使用了。

想找個東西把他們陳列出來，排著隊來喚起我的腦海中的印記。

3 用砂紙將裁出的飛機木邊緣磨平後，塗上保麗龍膠與木盒接合，當作隔板。

4 黏貼完畢後靜置一晚待乾，即可完成。（依照縫線高低，可自行增減隔板數量）

5 將針線依序排入，收納便利，一目了然。

漂移吧！木箱

我 是 個 懶 人 。
這 好 像 是 大 家 都 知 道 的 事 情 。

以前在公司選椅子，一定要選帶輪子的辦公椅。因為從我的位置到同事A、同事B，甚至到建材室的位置上，厚臉皮一點可以一路坐著辦公椅滑過去，完全不費氣力。

我懶到可以好幾個禮拜不出門也很無感。反正缺甚麼，就傳個訊息給正在工作的KJ，下工後他就會買回來！舉凡拍拍手、噴漆、膠帶、伸縮桿、鐵釘、油漆等各種工具，到麥當勞、肯德基、摩斯漢堡、水餃、蘿蔔糕、蛋餅等各種食物，無一倖免。總之缺什麼，號稱大中華快遞的KJ永遠都能送貨到家！現在更有24小時送貨到府的購物網，有時候早上訂下午就到貨，效率之高令人瞠目結舌，是該叫KJ多多學習。

KJ總說我就是民間故事裡那個掛大餅的人，出門最好把大餅幫我掛好，不然我可能就會餓死在家裡。有很多朋友問說我從市中心搬到山居不會不習慣嗎？其實一點也不。以前住在市中心，樓下就是一堆吃的用的玩的、生活用品、24小時超商。不過我也是不出門，都是列清單後KJ買回家。現在搬到山居，一樣是懶人窩在家，KJ送到家。

所以距離遠近對我來說真的不是太大問題。一開門看得到青山綠水對我來說才是更重要的事。方不方便對我來說是其次，反正我們家就有大中華區隨叫隨到的快遞KJ。但有時，叫

所 需 材 料 --

松木材

貼紙

輪子

他買東買西他就愛鬼叫，根本是一位很草莓族的大中華快遞。

不管甚麼東西，我都想把他裝上輪子。不對，輪子還不夠，應該還要再加上一條繩子。這樣我在四面八方，只要手一拉繩子，東西就會迅速漂移到我眼前。多幸福的懶人時光？

TID:501612
MID:540015435385
DATE/TIME:
MAY 12,2013 13:40

輕布置微裝修花費預算

木板	$399
輪子	$299
貼紙 & 漆料	$100
共計	$798

只要加了輪子，木箱可以任意滑動，就多了更多的便利性。

1 組合松木材。

2 完成木箱製作。

3 拿出滑輪五金。

4 將滑輪鎖入輪子底部。

5 木箱底部鎖入四個滑輪。

6 拿出白色水泥漆。

7 將木箱刷上白色漆。

8 選出喜歡的貼紙。

9 再拿出園藝小配件。

10 貼上貼紙,再用保麗龍膠將小配件黏貼在木箱上,漂移的木箱即完成。

有時候，歲月更是一種美。

二、三十年前的留聲機、帶著彈簧的碰椅、細長鐵角的椅凳……

舊時光的設計感，反而有更多美妙的懷舊氛圍。

而這些老東西，也有著自己的故事。

也許是新嫁娘的嫁妝、也許是老奶奶的搖椅、

也許是爸爸的皮箱、也許是祖母的碗櫥。

讓我們一起傾聽他們的故事，讓舊時光也能有新美好。

PART 3
老傢俱大改造

床頭的
蕾絲火光

床 邊 的 夜 燈 好 重 要 。 小 時 候 因 為 跟 外 婆 睡 一 間房 ， 所 以 有 沒 有 床 邊 檯 燈 都 沒 有 太 大 的 感 覺 。

等到漸漸長大，開始自己一人入睡，才發現床邊燈的重要。怕黑怕鬼的我，就算房間裡的燈全關，只要打開床邊小檯燈，小小的燈光，就能讓我充滿安全感，也能在睡前翻翻書，或是半夜口渴想喝水，只要打開夜燈，就不用擔心找不著水杯。

市面上的檯燈不是太大就是太小，不是太花就是太素。而且我想要可以透出美麗花紋的火光，找來找去，似乎只剩燭台符合這個條件。但總不能叫我夜夜起床都得先點好蠟燭才有光亮吧？實在百般無奈。

某天，在露台修整花草時，躁鬱症患者法鬥傑西又開始在露台暴衝，衝啊撞的，終於撞翻了幾盆花草，也終於被我狠狠的罵了一頓！不過罵著罵著，突然眼睛一瞟，看到一個買了很久卻被遮在後方，已經快被遺忘，裝著黃色小花盆。好多好多鏤空的孔洞，邊緣有像蕾絲的金屬花色。

啊！這不就是我想要的夜燈造型嗎？趕緊把土一挖，把盆一洗，穿進電線，裝好燈泡。我想要的溫暖氛圍，原來要在花圃裡才找得到。

所需材料 --

燈泡×1

花盆×1

電動起子×1

電線×1

STEP BY STEP...

1 用起子機將花盆後方鑽出孔洞。

2 將電線由內穿至花盆外，安裝燈泡的部分留在花盆內。

3 拿出市售的轉接插頭。

4 將插頭外蓋開啟。

5 將燈具電線外金屬片用老虎鉗拔除。

6 露出細銅線即可。

```
TID:501612
MID:540015435385
DATE/TIME:
MAY 12,2013 13:40
```

輕布置微裝修花費預算

燈具電線	$150
花盆	$299
插頭	$10
共計	$459

市面上的吊燈或桌燈都要千元以上，有些花樣甚至要破兩千元。讓我們用不到五百元的價格，營造出絕美的臥室光影吧！

7 將細銅線兩端分別纏繞在
插頭的螺絲上，將插頭蓋
上即完成。

8 裝入燈泡，就能擁有一盞風
格獨特的燈飾了。

好好坐 花團錦簇

PROJECT 017

坐 在 腳 凳 上 ， 無 憂 而 舒 適 的 翻 著 雜 誌 ，
這 是 生 活 中 的 夢 幻 場 景 。

家裡的更衣室完成了，但總覺得少了些甚麼？巡了一下，衣物吊桿環繞了三週、大型抽拉籃擺滿了兩面、木斗櫃沿著窗邊設置著。該有的都有，到底缺了些甚麼？看了又看，想了又想，腦海裡頓時浮現服飾店中女仕們坐在店中間舒服的椅凳上，等著另一位女伴在更衣室裡變身。舒軟膨彈的腳凳，擺在店的中央，邊休息還能邊四周環顧，這樣才是快活啊！

原來，我的更衣室裡就是少了個腳凳。於是開始在網路與實體家飾店面閒逛，不難想像，又是出現喜歡的太貴，不貴的又不夠喜歡的矛盾關係。逛了好久，最後平民主婦還是決定自己來。

某天，在前往台中友人大寶貝先生家時，經過了一間二手傢俱店。我就像在菜市場買水果一樣，一路捏呀捏、敲呀敲的，選著覺得還可以的椅凳，最後目光放在一張矮凳上。仔細看看，外表布面是髒了點，但坐起來非常澎軟舒服，而我心想：「就是它了！」於是順手在這一間二手舊物店撈回了兩張矮凳。

回家後，翻著抽屜櫃裡的布料，選著選著，看到一塊帶著小碎花的布，是以前 IKEA 床包組的被單呢！最後，二手的腳凳、IKEA 的被套，幫我圓了更衣室更完美的花團錦簇。現在，我也可以坐在中間，環顧四周，我的心願終於了了。

所需材料 --

舊椅凳

布料

保麗龍膠

起子

1 用螺絲起子將椅腳卸除。

2 用噴漆或水泥漆將椅腳變白
待乾。

3 原本的椅墊老舊髒汙，用抹布
輕拭一下。

4 拿出喜歡的布料覆蓋椅面，
計算所需長度。

5 剪下所需長度之布料。

6 將布料覆蓋椅面。

7 將椅布用保麗龍膠或釘槍
固定在背面處。

8 包裹轉角處。

TID:501612
MID:540015435385
DATE/TIME:
MAY 12,2013 13:40

輕布置微裝修花費預算

二手椅凳　$250×2=$500

布料塗料　$100

釘槍　　　$150

共計　　　$750

只要 $750 元，就能營造出 $5000 元的腳凳氛圍，何樂而不為？

9 轉角交界處用保麗龍膠固定。

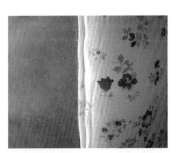

10 整理一下，新繃布即可完成。

11 拿出噴漆已乾的椅腳。

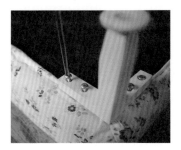

12 將椅腳鎖回原處，也更能固定新的椅布。

13 四個椅腳都鎖回即可。

14 浪漫的繃布椅，大功告成。

PROJECT 018

森林中的
練習曲

沒事多運動，多運動沒事。

　　沒事多運動，多運動沒事。某天，Mika 小姐在線上問說誰有需要健身腳踏車？不然她就要把這台健身腳踏車給丟了。正趁大家還在考慮運送問題的時候，我馬上舉起高高的手說我要！完全沒考慮到我在台北、Mika 小姐在苗栗的這個交通問題。

　　還好隔沒多久，就到苗栗參加活動，也順理成章的逼 KJ 繞過去把健身腳踏車給搬回家。那時的舊家還在公寓的五樓，健身腳踏車很重，KJ 就咬著牙搬上了五樓，真是老當益壯啊！

　　跟一般的健身腳踏車一樣，就是個普通的黑色健身器材。但我怎麼可能忍受一個黑壓壓的大東西就這樣侵門踏戶的住進來？當然要變漂亮才能進我們家！於是，調合漆好幫手又登場了。先將腳踏車身側邊上的貼紙撕除，再將不要塗上漆的地方用紙膠帶黏貼完成後上調合漆待乾。

　　把手泡棉，腳踏板，固定底座的地方，再用麻繩纏繞，增加自然感。最後，選塊喜歡的布，把椅墊包住就大功告成了！原本老舊完全不被放在眼裡的健身腳踏車，刷上白漆、繞上麻繩、再換上花布，整個判若兩人，煥然一新。邊看電視邊騎著健身腳踏車，腳踏在溫潤的踏板上，我都以為自己化身為森林系女孩了呢！

所需材料

舊健身器材

調和漆 ×1

花布 ×1

麻繩 ×1

STEP BY STEP...

1 先將健身器材側邊貼紙撕除，以利上漆的平整度。

2 再用紙膠帶將不想刷到漆的地方遮蔽。

3 塗上調和漆後待乾。

4 上了調和漆就煥然一新。

5 用麻繩纏繞手把與腳架。

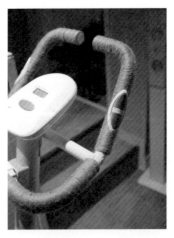

6 將遮蔽貼紙撕除，不該刷到的地方還是保留金屬的晶亮。

7 腳踏板及底座繞上麻繩，觸感更溫暖。

8 垃圾堆裡的健身腳踏車大變身。

9 最後將花布罩上椅墊，森林系健身腳踏車完成。

TID:501612
MID:540015435385
DATE/TIME:
MAY 12,2013 13:40

輕布置微裝修花費預算

友人不要的健步車：$0

白色調和漆：$125

紙膠帶＆麻繩：$50

共計：$175

$175 元就能讓要進垃圾桶的健步車死灰復燃！市售健步車至少要 $5000 元，花小小錢就能有大改變，最重要的是健步車還能讓我們身體健康，萬事如意呀！

輕布置微裝修花費預算	
舊款小椅凳	$0
馬賽克	$50
白膠＆填縫劑	$50
共計	$100

花上百元，就能讓老舊或是不喜歡的小物大轉風格。貼上馬賽克的小物，在鄉村家飾店可是能賣個好價格呢！

人人都想回春，傢俱也想藉此得到主人的愛護。我有一個像是阿嬤年代時泡湯會用的小椅凳。其實還挺小巧可愛，但就略顯得普通了些，當然也要將之改造一番。於是，拿出馬賽克黏貼椅面，最後再刷上白漆，就大功告成！

作法其實非常非常簡單，但效果卻也非常的好。原本簡單卻不吸睛的小椅凳，頓時化身鄉村風，就算不使用，光用看的也賞心悅目吸引眼球。有時候，只要花一點小心思，多用點氣力，生活就會變得更美妙。

人生不也是如此嗎？

PROJECT 019

椅凳回春術

1 將馬賽克排列放樣。

所需材料

復古椅凳 x1

白色填縫劑 x1

白膠 x1

馬賽克

2 馬賽克一顆顆塗上白膠黏貼在椅面上。

3 全部黏貼完後靜置待乾。

4 將木椅側邊刷上水泥漆。

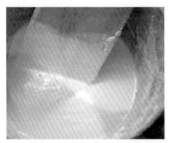

6 白色填縫劑加水，慢慢調和拌勻。大約這樣的濃稠度即可。

7 將填縫劑壓入椅面縫隙。

8 側面也要塗佈均勻。

9 靜置一會。待快乾時再以海棉將磁磚表面清除乾淨。

10 阿嬤老椅變新風貌。

輕布置微裝修花費預算

撿來的泡茶桌：$0

噴漆：$200

共計：$200

$200 元就能擁有市面上近
$6000 元的辦家家酒櫥櫃，
太驚人，大家快去撿垃圾
吧！

辦家家酒
的夢想

PROJECT 020

1 先用小掃把將髒汙處清掃乾
淨。

2 在周圍墊上報紙。

所需材料

舊茶桌

噴漆

我沒有玩過辦家家酒。也許是這個原因，每次看到可愛的烹飪玩具，或是木工做的鄉村風兒童廚具，都會讓我為之瘋狂。尤其在 Mother Garden 看到那種印滿草莓的木製廚具，我其實都很想坐下來玩上一輪。

而每週若有空，都會去看中醫調身體。那天去看中醫時，在附近的防火巷中看到了一個大型的傢俱，似乎是被丟棄的。往前查看，原來是老舊的泡茶桌，因為又髒又舊、瓦斯功能也損壞，所以被丟棄。但有著一個瓦斯爐台，一個工具凹槽，一個滴水區的老舊泡茶桌，卻讓我在第一眼就愛上了它，於是硬逼 KJ 回家開車來載運。

其實五金部分都沒有甚麼大問題，就是髒了點舊了點，木頭有一點點吸水膨脹，但不會有太大影響，改造起來，依舊是個好用的玩意。改造的方法很簡單，其實整體的外型與內部隔層都很好，只要換個顏色就無敵。於是便可以開始選擇喜歡的漆料。

最近愛上了綠色的我，選了兩種綠色的噴漆。調合出有點混色仿舊的感覺。帶點灰的各種色系總是讓我心滿意足！製作完畢，KJ 剛好也工作完返家。他看到泡茶桌後，大大驚訝的說：「沒想到換個顏色就差那麼多！」

是呀，擁有好的外型，只要懂得穿搭，就能阿宅變型男。傢俱也不外如是，換了個好的色系，也像換了好的穿搭，馬上能從老人風泡茶桌，一躍而成辦家家酒的童齡。「終於可以玩辦家家酒了。」我滿足的開心不已。

3 噴上喜歡的色系噴漆。

4 直至整座上色。

5 運用深淺不同的同色系噴漆營造出多色懷舊感，待乾即完成。

美麗的古布，棉布的蕾絲，手感的麻繩，和紙膠帶，
美好的東西，總是光用看的，就能讓心情愉悅。
天氣正好，讓我們拿出喜歡的布料，用剪刀剪下完美的形狀，
再纏繞上麻繩，拼貼著蕾絲，依序黏上珍珠……
就這樣，讓我們與織品一起譜出完美的協奏曲。

PART 4

織品拼貼布置

巴黎，
我愛你

Bonjour！
Paris, I Love You.

忘了是哪時，我愛上了貼紙，或許是因為我的鋼琴老師？小時候，小阿姨的房間有一台鋼琴。那個時候，家裡有台鋼琴可算是令人稱羨的了。其實家裡並不是有錢人，不過就是外公是軍人，養活全家人。聽說那時候的生活還滿苦，但老佛爺也是把四個小孩拉拔長大了。

那時小阿姨想學鋼琴，老佛爺跟外公也是咬著牙，存了很久的錢才買了下來。果然父母為了兒女真的可以省吃儉用就為了完成兒女的夢想。這台鋼琴到現在還陪伴著我們，也可能因為這個原因，小時候老媽也叫我去上鋼琴課，說學音樂的孩子不會變壞，而且會有氣質。

還記得一走進 YAMAHA，選好琴譜後，進到教室裡，現在的我已經不記得鋼琴老師的長相，但我記得的是她真的好溫柔。講話輕聲細語，很有耐性的教著我每個音譜，指法。

最重要的是，每次下課，老師都會讓我選一張貼紙。從一般的平面貼紙，到會閃光的幻彩貼紙，到超可愛的立體貼紙，每一次進步，都有不同的獎賞。而且每次選好貼紙，都會獲得一個「好寶寶」的印章，讓我的童年生活有了深刻的印象。可能從那時開始，我就愛上了貼紙。

大大小小的貼紙，有用熨斗可以轉印在布料上的燙布貼紙，可以貼在指甲上的甲片貼紙，立體的，平面的，幻彩的，都是不同的兒時記憶。某天，正覺得開關面板單調了些，就在賣場裡看到了這款小型的貼紙壁貼，可愛的鐵塔圖案，讓我一試成主顧。看到了牆上的鐵塔，總讓我想說聲：「Bonjour！Paris, I Love You.」

所需材料 ------------------------------

自黏壁貼×1

1 量出適合置放的位置，做上記
　號，並用抹布輕拭一下待乾。

2 將壁貼撕下。

3 小心拿取以免讓背膠黏性變
　低。

```
TID:501612
MID:540015435385
DATE/TIME:
MAY 12,2013 13:40
```

輕布置微裝修花費預算

壁貼貼紙：$50
- - - - - - - - - - - - -
共計：$50

$50 元就能營造出巴黎風格，天天看到巴黎鐵塔，開心無價。

4 輕輕放在欲黏貼的位置慢慢調整，確認後再全部放下。

5 用刮刀刮出空氣，也能讓壁貼更加服貼。

6 將透明外膠膜撕下。

7 確認黏貼位置正確即可。

8 蓋上開關蓋板，即可完成美化開關面板的壁貼。

鞦韆世界
小物們的

PROJECT 022

懷念起那個能夠自由自在把鞦韆盪得
跟天一樣高的歲月。

這幾天的雨，依舊下個不停。少了孩童們的嘻笑聲、狗兒追著垃圾車的聲響、鳥兒在樹梢的鳴唱，世界變得安靜，只剩下了轟隆隆的雨聲。

終於，雨停了。雖然彩虹沒出現，但雲霧漸漸的散開，陽光也慢慢的透出臉來，直到變得溫暖和煦。一直沒出現的鳥兒開始鳴唱了，狗兒也開始在院子裡翻滾，貓咪更是老實不客氣的全賴在窗邊曬著太陽，好像一個個櫥窗貓。

樓下的公園也開始熱鬧了起來。婆婆媽媽們開始帶著家裡的孩子到了公園，自己則聚在小亭子裡話家常。叔叔伯伯們則用著公園裡的器材健起了身。踩踩滑步機，坐坐扭腰器，或是拉拉繩索放鬆筋骨。

小孩們則是一窩蜂的開始玩起遊樂設施，一掃連下幾天雨的陰霾。爬繩索、溜滑梯、蹺蹺板，銀鈴般的笑聲，就能知道多麼樂不可支。突然，兩個小女孩開始一前一後的盪著鞦韆。一邊盪著，一邊還要聊著天，如膠似漆，越盪越高也越笑越開心。心裡不禁想著：當孩子真好。只要開心的玩樂，開心的微笑，就是最重要的事！

想起小時候，我也愛盪鞦韆，但隨著年歲越來越大，雖然沒有明文規定盪鞦韆的年齡限制，但總有種盪鞦

所需材料 ------

用不到的層板 x1

麻繩 x1
捲尺 x1
砂紙 x1

電動起子 x1

手鋸 x1

鞦韆已經不是我們這種年過三十的熟女們玩的潛規則。就算偶爾真的想玩，也僅限坐著搖晃一下，再也不能像小時候那樣，越盪越高，越笑越開心。

那時，總覺得一個人坐盪鞦韆很無聊，兩個人又坐不下，好想要有哆啦Ａ夢的縮小燈，就可以跟好朋友一起在鞦韆上玩樂歡笑了。也懷念起那個能夠自由自在把鞦韆盪得跟天一樣高的歲月。

STEP BY STEP...

1　量出想要的鞦韆尺寸。

2　以手鋸鋸下所需大小。

3　利用砂紙將四邊磨圓。

4　用電動起子鑽出孔洞。

5　將麻繩由孔洞中鑽入。

6　從下方打結完成固定。

TID:501612
MID:540015435385
DATE/TIME:
MAY 12,2013 13:40

輕布置微裝修花費預算

用不到的層板	$0
手鋸&砂紙	$20
麻繩	$10
共計	$30

$30元的價格，卻能享有
鄉村家飾店中近千元的裝
飾小物。

7　將兩邊的麻繩打結並固定
　　成一條。另一側亦如是。

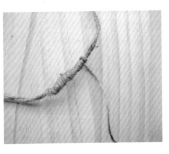

8　再用麻繩續纏增加份量感。

9　上方：纏繞過後質感加倍。
　　下方：尚未纏繞前的模樣。

10　一直纏至掛勾處。

11　讓生活創意環繞你的生活，
　　舒適又愜意。

PROJECT 023

留言夾的
青春記憶

也因為以前包廂往往一大群人，
有人總是遲到大王，所以門口一定會有個留言本。

好久沒有唱歌了。想起以前高中年代，KTV可是超風行，只要是考完試的下午，假日的上午，甚至颱風天，包廂場場爆滿。16、17歲的年代，總是一呼百諾，隨隨便便就能有個20幾人一起歡唱。包廂裡，有人專唱失戀歌，有人專唱嗨歌，還有人專唱香港電影的主題曲，各自精彩。

KTV門口一定會有個留言本。「202包廂，XXX你再不來你就死定了」、「我們在305包廂，晚來罰三杯」、「520包廂，今天有人失戀」等留言。每當進到KTV包廂前，我都超愛看留言本的內容，裡面的光怪陸離實在很吸引人的眼球。

進了包廂，當然首要的就是先點東西吃！以前錢櫃都是單點，我永遠愛他們家的水餃跟排骨飯。錢櫃的水餃總是讓我念念不忘，美味直逼水餃專賣店，很難想像這裡是K歌場所，卻有那麼好吃的水餃。好吃到同樣時間上桌的水餃，朋友才正要吃到第二顆，我已經吃到第六顆，朋友總是很懷疑我到底有沒有咬，根本是生吞活剝。而聽說錢櫃的牛肉麵也很好吃，但我竟然沒吃過，下次拖著老身也要吃到！不過一直到現在，錢櫃的水餃仍是我覺得很好吃的東西，而錢櫃的開嗓茶飲彭大海、甜得要命卻鬼打牆不斷續壺的奶茶，對我來說都是一種

所需材料 --------------------------------

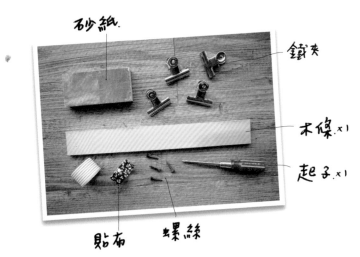

砂紙．
鐵夾
木條 x1
起子 x1
貼布
螺絲

青春的味蕾記憶。

　　這時 KJ 在旁邊說著：「最討厭的就是水餃來了，自己點的歌也來了的時候。到底要先唱歌還是先吃水餃阿？先唱歌水餃冷了就不好吃，先吃水餃歌就沒了，好討厭。」原來，男人也是有這種天真的小煩惱。

　　時代越來越進步，What's app、Line、微信，似乎漸漸取代以往的留言功能。大家越來越懶得寫字，也許以後，錢櫃的留言本也成絕響。青春，總是一代一代的更迭。我們這一代的老去，換下一代的登場。K歌留言本，也可能被各種社交軟體給取代。往事果然只能回味呀！我現在好想去唱歌，走吧，一起去吃水餃。

1 將木條裁出所需大小後，用深色貼布黏貼木條打底。

2 再用淺色貼布黏貼鐵夾，讓金屬感多點溫暖。

TID:501612
MID:540015435385
DATE/TIME:
MAY 12,2013 13:40

輕布置微裝修花費預算

廢棄木條	$0
貼布	$39
鐵夾&螺絲&砂紙	$20
共計	$59

$59 元營造出三百元左右的價格，物超所值⋯⋯

3 貼布長度要多於鐵夾，固定於
  背面會更加服貼。

4 用螺絲先在欲固定處鑽出孔洞。

5 將鐵夾固定在孔洞中並用螺絲
  鎖緊。

6 木條上方轉入固定掛勾五金。

7 將掛勾五金刷上深色漆。

8 可以收納回憶的留言夾就能完
  成了。

衣架的
春天

PROJECT 024

鮮 豔 的 色 系 ， 好 像 回 到 １ ５ 、 １ ６ 歲 時 的 時 光 。

年紀尚輕，總是喜歡多彩、鮮豔、繽紛的世界。那時若是你問我喜歡甚麼樣的風格，我一定毫不猶豫的回答著：「普普風！」因為普普風來自 1960 年代的歐美風潮，那是一個多彩的年代。飽和的色系，像是大紅、鮮黃、亮橘、芥末綠，讓世界充滿了衝突的和諧。

還記得 7、8 年前，朋友家正在裝修，讓我最期待的廚具，朋友竟然只是用最基本的無色調白色來製作。純白的人造石檯面，搭配白色的水晶面板，一套乾淨無瑕的廚具，卻讓當時的我好失望。

「廚具不是應該要用更跳的色系嗎？深灰的檯面配上桃紅的面板一定超好看。」我呢喃的說著。「不會啊，我就是喜歡這樣乾乾淨淨的顏色，全白很舒服呢！」朋友笑著回答。那時的我不以為意，總覺得既然要重做廚具，當然要用飽和的色調才對，用全白的不是跟原本的差不了多少嗎？

而過了幾年後，我漸漸明白了當時朋友說的「舒服」。多彩，強烈的

所 需 材 料 --

衣架×1

碎布×1　　　剪刀×1　　　保麗龍膠×1

色調，讓人一眼就印象深刻，但卻不能久視。久了，總覺得疲累，無趣，意興闌珊。但純白的無暇，在青春時看來索然無味，年紀漸長，卻越發覺得迷人，越嚼越香，就算是久處或久視也不生膩，那種舒服感，我終於在這幾年了解了。

當時熱愛的鮮紅色衣架，也漸漸強烈的帶點疲乏。某日午後正思索著，讓它多點春天的粉嫩吧！

STEP BY STEP...

TID:501612
MID:540015435385
DATE/TIME:
MAY 12,2013 13:40

輕布置微裝修花費預算

衣架	$8
碎布	$0
保麗龍膠	$2
共計	$10

$10 元就能有近百元新品花
柄衣架,真是省錢大王。

1 將修邊碎布頂端塗上保麗龍膠。

2 將碎布依序纏繞上塑料衣架。

3 中途可適當以保麗龍膠固定。

4 完成後,可以吊掛衣物,也能當展示
飾品架,一物多用。

環遊世界夢

三十歲，才開始知道旅遊的真諦
應該不算太晚？

認識我的人都知道，以前的我就是個宅女，不愛出門，只愛在家裡東弄西弄的DIY，以為自己的世界就夠迷人，一點也不想掀起這世界的面紗。

可能因為小時候的旅遊，總是跟團，大大的遊覽車裡，塞了好多人，有人總是愛遲到，等來等去等成愁，實在不喜歡那樣的感覺。可能旅伴不同，感受也不同。以往的旅遊跟著旅行團，團員們各種性格都有，碰到不喜歡的朋友，整個旅程的感受多少都會打折扣。

直到兩三年多前 ANISE 小姐帶我上了清境，我才知道原來旅遊這麼好玩。就這樣，酒肉朋友的帶領之下，我也開始走出宅女的象牙塔，開始揭開世界的面紗。走出象牙塔的我才知道 ── 原來世界那麼的大，那麼的美。

以前對旅遊沒有興趣，我連台灣地圖都不熟，台中跟台東不誇張，我不知道它們在哪裡，更別說這整個世界有多大。這幾年開始自助旅行後，我發現這才是旅行的意義。

跟著當地人吃著他們的食物，迷路的時候，不急著打開網路，反而是問問當地人，通常都能得到滿滿的微笑與幫助。自助旅行的美好，就在於你的人生眼界慢慢被打開、你的破英文有進步的空間、你漸漸知道台灣人熱愛的臭豆腐，在別國並不受歡迎。你漸漸知道許多時候語言真的不是問題，而是在於真誠的微笑，就算比手畫腳都很美好。

不過我跟 KJ 還是後悔了些現在才嘗到旅行的美好。畢竟很多地方，還是需要青春時的體力！很多老一輩的人總說著：「我要趁年輕時拼命賺錢，等老了就能享清福環遊世界。」但等到年紀漸長，旅遊真的變得諸多限制。無法承受太冷太熱的天氣，無法長途步行體會週遭的美好。

跟團當然也不是不好，只是在異國你只跟著台灣人，無法體會當地人的熱情與友善。在異國卻吃著台灣的桌菜，就像到了台灣某間有著巴黎街景大圖輸出背板牆的餐廳裡，吃著晚餐。有種換湯不換藥的感覺，

所需材料

大型壁貼

景點看到了，卻少了當地真正的溫度。這樣的旅遊，真的很可惜。

　　開始旅行後，我變得好貪心。我想從曼谷到清邁，看看影集《愛在拜城》的美景，之後到清萊，看看《異域》中真正的「美斯樂」，最後再到寮國放空。如果可以，還希望能再進入雲南，看看夢想中的香格里拉，來場邊界之旅。

　　我也想到西安看兵馬俑，走走萬里長城，享受在白天逛夜市的氛圍，再開始我的絲路之旅。鳴沙山、月牙泉、玉門關、莫高窟、天山、火焰山等等景點，是這輩子必去

的地方。不只西域絲路，就連海上絲路也想體會。

　　還有搭著青藏鐵路漫遊夢想中的西藏。像是之前看了《喜馬拉雅》這部電影，被青康藏高原的美景給吸引，更想一睹尼泊爾的美，還有人間仙境的不丹之美。當然還有伊斯坦堡、印度、吳哥窟、下龍灣、冰島等等，都是我的夢想。這些想去的地方，真的需要體力。

　　培養好體力之前，不如先在家裡環遊世界吧……

STEP BY STEP...

1 順著壁貼圖案的外圍，剪下壁貼。

2 大約放樣，調整一下壁貼的位置。

3 用抹布輕拭牆面待乾，並用鉛筆在牆面做上黏貼位置記號。

4 撕下壁貼開始黏貼。

5 邊貼邊用刮棒將空氣擠出。

6 我的伊斯坦堡開始出現了。

7 加上巴黎鐵塔，我的環遊世界
夢似乎更近了。

TID:501612
MID:540015435385
DATE/TIME:
MAY 12,2013 13:40

輕布置微裝修花費預算

壁貼：$499

共計：$499

$499就能在家裡還遊世界，
無價。

PROJECT 026

燈具

圓舞曲

黑 夜 的 時 候 ，
燈 光 是 最 能 安 定 人 心 的 東 西 。

不知道為什麼，可能是恐怖片的關係，導致我很怕黑。同樣的地方，白天美麗舒適，一到了夜晚，若是單獨一人，就顯得擔心害怕，總覺得黑夜中會有什麼妖魔鬼怪或是各種殺人魔會將我吞噬。

我想，都是以前小時候愛看恐怖片，現在 KJ 硬愛放殺殺殺的殺人魔片，搞得現在的我，一到深夜，就不自覺的開始草木皆兵。所以燈光對我來說，實在太重要。一旦夜幕低垂，建築物點上了華燈，與白日的風情完全不同，不同到我常常走在同條街道，

然而一到夜晚，就變得容易迷路。若黑夜中多了燈光，總是讓我多了幾分安全感。

漂亮的燈具，就算白日不開燈的時候，也是漂亮的裝飾品，對於美好氛圍的定義裡，真是不可缺少的大功臣。漂亮的燈具不便宜，便宜的燈具不喜歡。這種矛盾，一直存在在生活週遭。

讓我們用喜歡的布料，來譜一場燈具的圓舞曲吧！最重要的是：它很便宜。這樣一來，漂亮的燈具很便宜，晚上多了安全感，一切都變得完美。

所 需 材 料

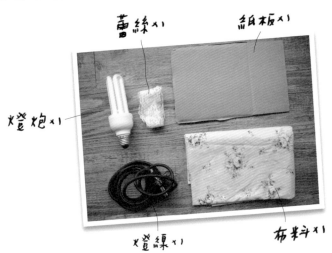

蕾絲 ↘

紙板 ↘

燈炮 ↘

燈線 ↘

布料 ↘

1 用圓形物品在紙板上畫出適合大小的圓形。

2 用剪刀沿著畫出的圓形剪下當紙模基底。

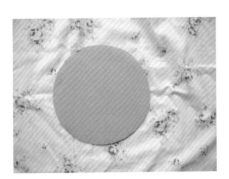

3 將紙模放在布料上。

p.s. 放大比例自由心
證，以能遮住燈泡
長度為基準。

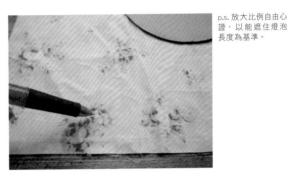

4 在布面上置放圓形紙模，依紙模畫出放大
比例，並沿畫出的圓形剪下。

5 在紙模中心點上剪出穿線孔。

6 將吊燈電源線穿入紙模孔洞。

7 將圓形布料中間剪一小洞。

8 將電源線穿出布料孔洞。

9　試拿一下看看吊燈雛形。

10　再將蕾絲塗上保麗龍膠，
　　與布面黏貼。

11　黏貼至布料邊緣。

12　最後加上珍珠作為裝飾，以
　　保麗龍膠固定。

13　裝上燈泡就能完成。

14 為自己打造的風格燈罩，即可完成。

TID:501612
MID:540015435385
DATE/TIME:
MAY 12,2013 13:40

輕布置微裝修花費預算

燈具電線　　　　　$150

布料及蕾絲珍珠　$45

厚紙板　裁不用的紙箱，免費

保麗龍膠　　　　　$5

共計　　　　　　　$200

鄉村款吊燈動輒千元以上，
甚至有些要價 $3000 元。

多花點力氣，甚至可以省下
90% 的費用……

蕾絲
三層塔

我 的 飾 品 多 如 過 江 之 鯽 ， 而 且 應 該 是
超 肥 美 的 那 種 鯽 魚 。

因為 KJ 是攝影師，上次 KJ 幫新人拍自助婚紗，場景之一就是我們家。隨著新人的換裝，我不時就能變出更加搭配的大耳環、寬版蕾絲髮箍、可愛領片，朋友笑說我都可以去當新祕了。這時 KJ 就在一旁說著：「拜託，Aiko 她脾氣那麼差，新人都會被她罵跑。」就這樣硬生生的將了我一軍。

我有一種突然愛上什麼就要把它買齊的病。前一陣子突然愛上髮箍，就瘋狂的採購。寬的、細的、有蕾絲的、素色的、有鑽的、有蝴蝶結的、連著小帽的，無一倖免，買到我覺得夠了為止。

我也超熱愛帽子，去年夏天看到網拍的毛球帽一頂 $39，忍不住買了十頂，每色各一我才罷休，反正就算買了十頂也比一份義大利麵套餐便宜，值得。而且各種顏色備齊，搭配穿搭時就超好用！像是今年的京阪神孝親之旅，這便宜毛帽就派上用場，我像個大員外似的一人發一頂，顏色還可以任君選擇。

戒指、項鍊、耳環、手環這種東西不用說，丟到江裡每個都是超肥美的鯽魚。因為我熱愛又大又誇張的飾品，不大不中意，越大越開心。雖然有一個前幾年從大型垃圾堆裡撿回來的超好用飾品櫃，但每次看到南京西路那些質感日系小店，總有個超可愛的架子放著各種飾品，都讓我覺得好生羨慕。

所需材料 ------------------------------------

針繡杯墊

不要的圓木塊

木棒廢料

保麗龍膠 x1

前一陣子覺得每次喝冰水總會在桌上留上水痕，我就買了很假掰的蕾絲杯墊來墊杯子，卻被 KJ 說了句：「這甚麼東西呀？好像內褲。」頓時更讓我再度後悔嫁給了這種男人，心灰意冷。

反正我的更衣室已經搞的跟服飾店一樣了，那就用 KJ 說的「內褲玩意」來弄個飾品架，讓服飾店氣勢更完整吧！人家的三層塔拿來放蛋糕，我則要用個三層塔來放飾品，果然帥氣⋯⋯

1 將杯墊放在木塊上，確認適合大小。

2 將針織杯墊塗上保麗龍膠緊貼至圓木塊上。

3 木棒一端塗上保麗龍膠。

輕布置微裝修花費預算

不要的木料：$0

針織杯墊：$39

保麗龍膠：$10

共計：$49

$49 元就能做出市價 $600
元以上的置物飾品架，還不
快動手？

4 上膠的一端固定在針織杯墊
上，並靜置一晚待乾。

5 將圓木塊與木棒接著。

6 依序黏貼。

7 兩邊以重物壓著固定，置放一晚
待乾。

8 可以運用一些小飾品放在平台
上，讓塔台變得可愛。

9 放置家中倍感溫馨，又能兼具收
納展示，物超所值。

薔薇
垃圾桶

PROJECT 028

之 前 的 我 ， 愛 上 了 各 種 薔 薇 花 。

上一個家，因為空間感的關係，適合做成日式鄉村風格，於是整個家的風格就朝著日系鄉村風前進。日系鄉村風就有很多大大小小的花朵，但強烈建議底色一定要白色，不然花色已經是花，又帶了顏色，可真是會眼花撩亂的阿雜。

其實最愛的並不是日系鄉村風，但因為空間使然，就朝這個方向前進。也開始找了一些適合風格的軟件。這才發現原來有了花花的東西，可以賣得這麼貴！

一個純白琺瑯麵包盒，加了薔薇花要一千多塊。

一個純白琺瑯醫藥箱，加了薔薇花要近兩千塊。

一個純白琺瑯瓦斯架，加了薔薇花要兩千多塊。

一個純白琺瑯白米桶，加了薔薇花要三千多塊。

一個純白金屬垃圾桶，加了薔薇花要近兩千塊。

族繁不及備載（被宰？）的恐怖，所以我決定要來自己做！

小時候自己也會剪一些漂亮圖片，或是餐巾紙上的圖片黏貼在物品上，再視情況看要不要塗透明漆。之後才發現原來這竟然是一種叫做「蝶古巴特」的技法。

但好死不死手邊沒有漂亮的餐巾紙或圖片，再加上人一長大後，往往就會變本加厲的懶惰下去，所以我決定去買現成的貼紙！一個純白金屬垃圾桶大約 $299，整張貼紙大概 $100多，不到 1/5 的價格，我也能有薔薇鄉村風！一樣的重點，但它更便宜。

所 需 材 料 ------------------------------

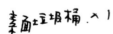

素面垃圾桶 × 1

花朵貼紙

PART4
織品拼貼布置

TID:501612
MID:540015435385
DATE/TIME:
MAY 12,2013 13:40

輕布置微裝修花費預算

垃圾桶	$299
貼紙	$50
共計	$349

$349 元就能做出日雜店中販售近 $2000 元的花柄垃圾桶，馬上省下 1/5。

STEP BY STEP...

1　將垃圾桶用抹布擦拭乾淨，以免灰塵或髒汙影響貼紙黏著度。

2　拿出花朵貼紙。

3　先大約放樣。

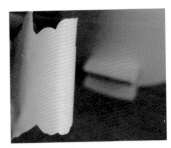

4　背面沾水讓背膠擁有黏度（像郵票的原理）。

5　開始黏貼。

6　用抹布將貼紙內的空氣擠出，讓貼紙黏貼起來更為平整。

7　不用花大錢，也能擁有鄉村花柄的質感垃圾桶。

Zakka

最喜歡在窗邊，倚著舒服的日光，

看著小物在居家中呈現完美的一瞬間。

烤肉架、罐頭、相框等物品，看來看去總是不曾改變。

生活中的一成不變，讓心情永遠停格，氛圍也越來越薄弱。

不如，我們來動動手！

陽光下，微風中，讓我們來試試雜貨的新風景！

PART 5

雜貨布置

讓美好靜止在此刻 Time Freeze

PROJECT 029

一直覺得，時光匆匆。

最近，常想到以前的往事。比方說，想到小時候自己的短頭髮、小時候我是個慢郎中、小時候到爸爸帶我吃的漢堡、小時候我愛看的天天開心、小時候老佛爺的蒸蛋跟腿庫的味道、小時候舅舅帶我上學的時候、小時候那些可笑的煩惱、懷念快樂的國中時光、初戀時的心動時刻。越來越愛找老朋友們，也越來越愛聽所謂的「老歌」，我想，這就是所謂的初老？

小的時候，總是希望快點長大，可以自由的染頭髮，把指甲換上美麗的風景，不用擔心教官抓。也希望快點長大，可以喝點小酒，可以跟朋友一起到中南部旅遊，嘗試在外頭過夜的感覺。長大，可以騎摩托車，不用走 15 分鐘才能到公車站。長大，可以賺錢買自己想要的東西，不用躲躲藏藏。

小時候的願望，就是希望時間過得快一點，我們能快點長大。那時以為長大就會快樂，但正當我已經長大，卻開始懷念仍是孩提的時光。那時朋友們天天都能相聚，那時老佛爺記憶力好好，那時每天都好開心。

小時候，隨時都可以跟朋友聚在一起，用力啃著魚小姐家巷口的韭菜盒，還偷罵老闆辣椒總是給好少超小氣。也可以假日散漫的窩在姵小姐家，談論著她弟多像王力宏，邊耍賴吵著要吃冰箱冷凍庫裡的牛角麵包。長大後，開始工作，有了不同的朋友群，各自精彩，卻也越來越少時間相聚。等到成家立業，甚至朋友有了下一代後，似乎相聚的時光越來越短暫，我開始懷念巷口的那個韭菜盒攤，但小攤卻也跟時間一樣，一去不返⋯⋯

小時候，老佛爺每天都很有精神，一早起來到對面河堤做運動，假日會穿著她鍾愛的舞裙，精心搭配的舞鞋，到舊時的環亞百貨跳國標舞。她總愛逛古亭市場、水源市場及永和市場，

所需材料

榔槌 ×1

木器漆 ×1

固定鉤 ×1

小相框 ×1

懷錶 ×1

挑選一些食材回家料理，而我最開心的就是一到過年前，能夠陪著老佛爺一起灌香腸、買髮菜和鯧魚。

長大後，老佛爺越來越少去運動，連國標舞也停了，沒有精力去市場買新鮮，過年再也沒力氣灌香腸。以前那健步如飛的雙腿，也漸漸變得易麻，走不了太多路。罵人時候的滔滔不絕，變成了不斷重複的問句。她總是忘了問過幾次：「外面很冷吼？」很害怕有一天，她連我們的名字都會忘記。

以前，覺得時間多到用不完；年歲漸長，時間卻一溜煙的消失。就連我小時候引以為傲，過目不忘的驚人記憶力也跟著一起消失了。總是覺得才剛過耶誕，還來不及整理家裡，卻一轉眼就過年。還來不及迎接暑氣，卻一轉眼就端午，要換薄被、要立蛋、要吃香菜，忙的不得了。才剛嫌自己胖，卻一轉眼就到了中秋，又有吃不完的滿滿月餅及烤不完的肉。接著，又開始耶誕、過年、端午、中秋，不斷的輪迴著。

在時光慢慢飛逝的過程，我長大了。小時候覺得很巨大的耶誕樹，現在看來也顯的矮小。朋友們有了小寶寶，一轉眼，家人的行動變慢了、雙鬢也斑白了、記憶力變差了、越來越像個老孩子。小時候總想著快點長大，長大後卻想回到孩提時光。

我多麼想讓時間停止，停留在最美好的那些時刻……

1 首先將相框內部刷上白漆。

2 在木框上方內緣鎖上固定勾。

3 懷錶套入鑰匙圈內。

DATE/TIME:
MAY 12,2013 13:40

輕布置微裝修花費預算

小相框	$50
懷錶	$50
小五金 & 砂紙	$10
指甲油塗料 & 木器漆	$20
共計：$130

只要 $130 元，就有 $700 元以
上的飾品價值感，仿古的裝飾，
彷彿真的能讓時光停止。

4 將帶有懷錶的鑰匙圈與固定勾
結合。

5 在相框外框塗上木器漆。

6 將固定勾與鑰匙圈用咖啡色指
甲油塗佈，營造仿舊感。

7 用印章蓋上想要的字樣。

8 復古鐘錶即可完成。

9 將復古的鐘掛置在牆面，讓美
好的時光靜止吧！

木盒裡的小風景

PROJECT 030

突然，好想念木盒裡那時的風景……

從小，就很愛各種盒子。我的抽屜裡面總有各種大大小小的盒子，舉凡鐵的、鋁的、木頭的，應有盡有。以前不知道什麼叫做收納，只覺得小盒子拿來放東西特別方便。像是這盒拿來放文具，那盒拿來放橡皮擦（小時候超愛橡皮擦這種東西），再挪出一盒拿來放各種甲片跟指甲油等等，用途百百種。長大才知道原來這就叫做「收納」。

前一陣子在整理家裡，翻到一個木盒，裡面有著好多已經快忘記的事情。翻到以前男友的照片，比對現在的他，有點慶幸現在的自己保持的還算好，就算比對以前的照片也沒有差太多，也很慶幸自己是在他最美好的時候與他相遇。

翻到好多情書，有我的，有他們的，也有她們的。高中時的戀情很多都忘得差不多，倒是國中的還印象深刻，畢竟是初戀。我想這也是初老的表現，越近的事情越記不清楚，小時候的事情倒是歷歷在目。

還有魚小姐、姵小姐的信件。小時候的我們總混在一起，一直到高中，我們念了三所不同的學校，卻還是很緊密。雖然念著不同的學校，但我們總會想辦法穿著一樣的制服出去玩，拍大頭貼、泡溫泉、逛永樂市場、吃巷口的第一家鹹酥雞、喝珍珠奶茶。

才 16 歲的我們，總想著 20 歲時的我們在做什麼？那個年紀，對社會

所需材料 -----

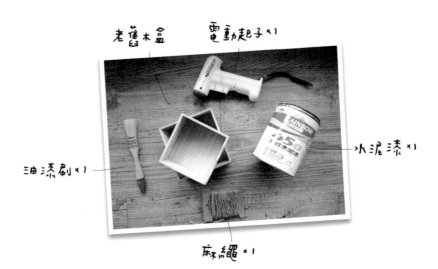

老舊木盒　　電動起子×1

油漆刷×1

水泥漆×1

麻繩×1

STEP BY STEP...

1 將老舊木盒刷上白漆。

2 用電動起子將木盒側邊鑽孔。

3 拿出麻繩，穿過側邊孔洞，並打結固定。

4 麻繩穿過鑽出的孔洞打結，並繞到另一個孔洞打結固定，形成一個提把。

5 將麻繩前端塗上保麗龍膠，以便後續纏繞固定。

6 將麻繩纏繞提把營造出豐厚感，纏繞後的提把變得更手感也更堅固。

7 即可讓一個老舊的木盒煥然一新，擺在桌上更顯風味。

總是有點憤世忌俗，總覺得只有我們三個最懂彼此。三個女生對於未來沒有什麼太大的想法，只覺得我們會一直一起到老，然後老的時候會住在同個社區，最後在陽光下互相幫著彼此推輪椅。

四季更迭，轉眼間我們已經 30 歲了。木盒裡翻出的信件，我跟魚小姐討論著人生意義，總覺得日子過得很空虛。姵小姐寫著等到我們 20 歲的時候就能自己賺錢，日期還押在我們 18 歲的那年，初戀男友寫著我們要永遠在一起，追求者希望能跟我做朋友。

木盒裡裝著好多歲月的痕跡。

年少輕狂時的我們。

很多想法時的我們。

一起吃喝玩樂時候的我們。

突然，好想念木盒裡那時的風景⋯⋯

TID : 501612
MID : 540015435385
DATE/TIME :
MAY 12,2013 13:40

輕布置微裝修花費預算

舊物木盒：$0

麻繩 & 塗料：$20

油漆刷：$20

共計：$40

只要 $40 元，就能營造出 $200 元左右的鄉村手感木盒。

早餐時光

托盤上的

我愛吃早餐！一日三餐中，我最喜歡的就是早餐！

小時候，家裡大多有基本早餐，多像是麵包牛奶之類的食物，幾乎不會有在外面吃早餐的機會，因為家人總說外面的東西很髒。忘了是哪次，國小同學給我吃了一口他在學校附近早餐店買的蛋餅，我才知道外面世界的早餐原來這麼精彩。

於是，我開始把零用錢存起來，不時的就要去買個蛋餅或是蘿蔔糕，而且蛋餅一次就要買兩份，分成兩袋，這樣一袋吃完還有另一袋可以慢慢享用。把雙手快要握不住的超燙蛋餅放入學校桌子的抽屜，等到第一堂課開始，老師在台上講課，我則找機會偷吃我的蛋餅。吃完了一袋不用苦惱，因為還有第二份。一種偷偷摸摸吃東西的感覺，總是美味加倍。

到了國中，某段時間我們甚至興起「假日約在早餐店」的戲碼。一到假日，幾個要去補習的同學，都會先在圖書館附近的早餐店吃早餐，那時的口味已經從蛋餅蘿蔔糕變成了火腿蛋或是麥克雞腿堡。與其說是補習，不如說是一種超棒的自由時光，總是讓我特別期待。

到了畢業開始工作後，早餐的選擇更多樣化了。除了蛋餅蘿蔔糕、火腿蛋漢堡之外、還有鐵板麵、煎餃、麵線、厚片土司跟皮蛋瘦肉粥，幾乎都可以當正餐了。選擇百百種，但最後我還是鍾情中式早餐，不外乎就是粥品或麵線，當然我熱愛的蛋餅跟蘿

所需材料

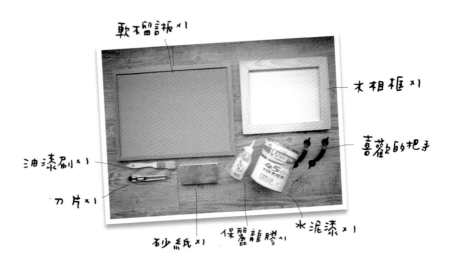

軟木留言板 ×1

木相框 ×1

喜歡的把手

油漆刷 ×1

刀片 ×1

砂紙 ×1

保麗龍膠 ×1

水泥漆 ×1

蔔糕也總不會讓我失望。

　　而當我跟先生 KJ 成為自由工作者後，一開始常常因為熬夜工作到凌晨，第二天醒來總是早已 11、12 點，跳過了早餐，直接開始午餐時間。午餐再也沒有蛋餅跟蘿蔔糕，只有排骨雞腿便當，好一點的則是歐式料理，但都比不上我熱愛的蛋餅跟蘿蔔糕，那段時間讓我悵然若失。

　　直到開始了山居生活，我才記起生命中重要的事：「我要吃早餐！」所以我開始「逼迫」KJ 每天都要做早餐，他也樂在其中的研發各種奇怪的早餐，像是耶誕樹型的蛋，切成薑餅人形狀的土司等等，但我最喜歡的，還是蛋餅跟蘿蔔糕加蛋。

　　每天早上，他在樓下做早餐，可能是蛋餅蘿蔔糕，或者是奶酥厚片土司配上火腿跟蛋，用拖盤裝著牛奶跟咖啡與當日的早餐，上樓來叫醒我到露台一起吃早餐。

　　KJ 是個無敵自信鬼，能做出早餐讓他超級沾沾自喜，每天起床就超開心的下樓做早餐，某天甚至還自封為早餐王。但他做的蛋餅很難吃，外皮永遠很硬，跟我小時候吃到的 Q 彈蛋

餅皮完全不一樣。炒的歐式炒蛋永遠像台式菜圃蛋，有天還用帶有冰箱味的過期奶油煎培根，或是做出他小時候常吃的那種塗滿煉乳再灑滿巧克力米的可怕甜土司。我常覺得他把我當實驗白老鼠，想藉此逼退我這位髮妻。當然，這全是玩笑的猜想。

　　雖然 KJ 做的早餐很難吃，但我還是很期待每天早上托盤裝著早餐的迷人香氣。

STEP BY STEP...

1 將木相框刷上白漆。

2 油漆待乾。若刷到內框不用擔心，等等會遮蓋掉。

3 拿尺量軟木留言板以利放入托盤。

4 裁切軟木部份。

5 將軟木部分放入相框內框，並稍加修整邊緣。

6 用砂紙打磨白漆外框。

7 刷出這樣的仿舊感。

8 拿出鄉村風的拉手。

9 算好距離，準備固定。

10 螺絲長度不要超過相框厚度，以免穿出外框。

11 將拉手裝在兩邊即成把手。

12 蓋上喜歡的印章。

13 完成了，超可愛仿舊小托盤。

雜誌是一個再厲害不過的東西，一樣
的主題，卻能期期都有新變化。

我很愛雜誌。不管是咖啡店，髮
型設計店裡的八卦周刊，或者是每季
的男女流行穿搭雜誌、室內設計類的
裝潢雜誌、自己動手DIY的手作雜誌、
讓指甲變美的美甲雜誌、介紹當地飲
食的美食雜誌、國內國外行腳的旅遊
雜誌、教你如何吃好東西的雜誌，都
是我的愛。

雜誌是一個再厲害不過的東西，
一樣的主題，卻能期期都有新變化。
八卦週刊最強大，週週都有新勁爆。
哪個女明星夜會某大老、哪個議員有
了花邊新聞、師奶殺手偶像、文青歌
手、性感男模劈腿，永遠都有說不完
的故事。

男女穿搭雜誌則是從國中就開始
翻閱，最愛的還是日雜。從年輕的少
女時代喜歡看的《mini》、《Zipper》、
《non-no》、《mina》、《CUTiE》、
《Popteen》、《Can Cam》、《FRUiTS》、
《JILLE》、《ELLE girl》、《SPRING》
到了輕熟女的《With》、《ViVi》、
《JJ》、《Ray》、《VOGUE》、《ELLE》、
《MORE》，甚至還有線上雜誌《Miss
Modern Look》，都陪伴著我從青春少
女變成輕熟女。不過偶爾我還是會回
去翻《mini》、《Zipper》、《FRUiTS》，
畢竟人老了就想越來越青春呀！

再來，就是室內設計雜誌。不知
道為甚麼，我從小就喜歡看跟居家相

所需材料 --

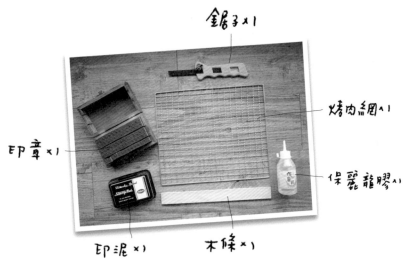

鋸子×1

烤肉網×1

印章×1

保麗龍膠×1

印泥×1　　　木條×1

關的漂亮圖片，小時候沒有甚麼居家雜誌，都看報紙夾頁裡的售屋廣告就很滿足。直到 IKEA 有了一年一期的目錄雜誌，整體氛圍營造的是很讓人喜歡。之後進了室內設計業，每個月都能看到好多漂亮的國外設計雜誌，更是讓我喜上加喜。

　　而 DIY 雜誌也是我不會錯過的。從小就愛東弄西改，看了雜誌之後才知道原來這就叫做 DIY。自此之後更愛看這類雜誌找靈感。到後來，自己

的家登上室內設計雜誌、DIY 的手作上了 DIY 雜誌，甚至最後連室內設計跟 DIY 類的書籍都出了，真是出乎意料的人生啊！這就告訴了我們：「沒事多翻書，多翻書沒事。」看久了，美感真的就是你的。

　　突然想到，我最早看到的雜誌是《小牛頓》，不知道看久了能不能給我一個蟲洞？不管了，現在全身髒兮兮的，拿本雜誌泡澡去吧！

STEP BY STEP...

1 用雙手將烤肉網折彎。需要用點
力氣,可用工具輔助,但切勿用
力過猛,以免烤肉網斷裂。

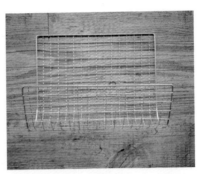

2 折彎成約莫這樣的程度即可。

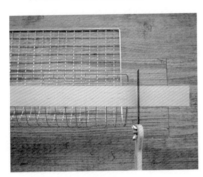

3 裁出一大一小的木塊。

4 用砂紙將木塊四邊打磨成圓角。

5 將兩個小木塊刷上白漆待乾。

6 拿出印章與印泥,排列出想
印上的字樣。

7 長短木塊各印上想要的字樣待乾即可。

8 用保麗龍膠塗佈在木塊背面。

9 將木塊與鐵網固定,用重物壓上後靜置一晚待乾。

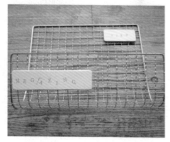

10 乾後就會緊緊固定在烤肉架上。

11 獨一無二的書架即可完成。

TID:501612
MID:540015435385
DATE/TIME:
MAY 12,2013 13:40

輕布置微裝修花費預算

烤肉網	$20
廢棄木條	$0
保麗龍膠 & 漆料	$10
手鋸 & 砂紙	$20
印章 & 印泥	$30
共計	$80

$80 元就能獲得雜貨家飾店 $300 元的書架,但泡澡中的閱讀時光,無價!

烤肉架的
香味記憶

秋涼氣爽，正是適合烤肉的時序。

忘了是哪時開始，中秋節大家不是忙著吃月餅，而是忙著到大賣場採買烤肉用品，似乎是某間醬料廠商的廣告帶起的熱潮，就這樣的延續了十幾二十年。

小的時候，總是期待每個節日。過年前總是採買新衣服的時刻，可以穿新衣服讓人超開心！元宵節則可以跟家人到中正紀念堂看花燈，排隊還有小花燈可以拿，然後玩猜燈謎的遊戲。清明節掃完墓就吃大餐，從一開始羅斯福路的仰光滇緬料理到現在的筷子江浙菜。

端午節則要立蛋、要接午時水、要吃香菜配醬油、要吃粽子配甜辣醬；中秋節要吃月餅、要烤肉、要幫老佛爺過生日；國慶日要看煙火、看三軍儀隊還有飛機表演；聖誕節可以交換東西、晚上在床邊掛上襪子，聖誕老人會來送禮物。中秋節更是一家烤肉萬家香的時節。只要一到這個時節，中秋節前後至少一週，都會開始飄起烤肉香！

小時候總在家裡的屋頂空間烤肉，大阿姨或舅舅或老佛爺會準備玉米、香菇、醃好的梅花肉、草蝦、土司等等，除了肉類外，還會有蔬菜才夠均衡。有海鮮有肉有菜，足夠餵飽我們這些小毛頭。

再大一點，開始跟同學朋友一起烤肉。今天在魚小姐家門口烤，明天跟大寶貝與班長先生烤。烤肉準備的食材不外乎都是無止盡的香腸、肉片、吐司，懶惰的我們不想先醃肉，食材

所需材料 --

保麗龍膠×1

榔槌×1

烤肉鐵網×1

木條×1

1 將木條裁切至烤肉架短邊
  長度。

2 一短邊使用兩條，一共
  四條。

3 用砂紙打磨木條邊緣。

4 將生硬的方木條打磨至圓
  角。

5 用保麗龍膠將烤肉網及木條
  固定。

6 先用重物下壓，靜置一晚即
  可固定，若不放心可用榔頭
  與木釘固定。

裡當然也就必須有鹹死人不償命的烤肉醬，反正當時
年輕就是本錢，可以吃很多垃圾食物也不用擔心。

　　每當中秋節一到，賣場裡總是塞滿了年輕的學
生，瘋狂採買烤肉用品，還交織著許多大大小小青春
的嬉笑怒罵聲響。而街頭到街尾，開始聚集著一區區
的人潮，住家門口或是住宅頂樓開始燃起木炭的火
光，漸漸飛散的炊煙與稍帶點焦香的濃濃烤肉香氣，
都讓我懷念無憂無慮的青春時光。

7 將固定後的木條上白漆。

8 在鐵網上用木夾夾起備忘錄就成了方便的留言板。

TID:501612
MID:540015435385
DATE/TIME:
MAY 12,2013 13:40

輕布置微裝修花費預算

烤肉網 　　$20

廢棄木條 　$0

保麗龍膠&漆料 $10

共計 　　　$30

$30 元的花費，就能做出雜貨家居店販售 $400 元的留言鄉村小物，讓我們一起成為營造氛圍的王者吧……

9 或者是可當收納緞帶的架子，讓你一目了然，又能讓生活創意無限。

假文青
桌旗

除了早餐跟餐具外，我的人生
最熱愛的一樣東西就是書。

我指的書當然不是學校裡的課本，而是各種課外讀物！我特別愛看推理及奇幻小說，還記得，以前看完了全套《亞森羅蘋》，會跟朋友一起討論亞森羅蘋有多帥，而《福爾摩斯》感覺就很老成不討喜，一直到小勞勃道尼演了福爾摩斯才改觀。

某天被老佛爺指定整理前陽台的時候，翻到了一套書籍，共分五集，第一集的書名是《獅子、女巫與衣櫥》。那套書讓我看到入迷，幾乎就想進入裡面的世界，而這套讓我沉浸在納尼亞世界裡的小說，在十幾年後，也搬上了大螢幕，當時的興奮不可言語，常常叫著亞斯蘭的名字，就想進入納尼亞，還想天天到麥當勞買納尼亞分享餐。

接著，就迷上了倪匡的衛斯里系列。從《藍血人》到《老貓》、從《洞天》到《天書》、從《神仙》到《仙境》、從《大廈》到《玩具》、從《透明光》到《支離人》，每本都讓我看得入迷！我想倪匡應該就是作家界裡的寶傑哥，是他讓我知道了原來曾經有過通古斯大爆炸，原來曾經有個印加帝國，原來神仙都是外星人。後來才知道，媽咪在懷我的時候，就天天看倪匡小說，也就是說我在娘胎裡就開始看衛斯里，難怪這麼的愛不釋手。

之後，因為台灣開始播放日劇，看了《東京愛情故事》、《愛情白皮書》後，我就愛上了柴門文，開始瘋

所需材料

打孔機 x1

膠帶 x1

原文書 x1

刀片 x1

狂的看了他的漫畫，不過那時年紀輕，許多地方不甚了解，等到過了 25 歲再看，頓時茅塞頓開。就像莫文蔚〈陰天〉歌詞裡寫的：「若想真明白，真要好幾年」。同一本書，不同年紀來看，真的會有不同的體會，這也是年紀大才明白的事。

接著，台灣 TVBS 開始播港劇，我也就愛上了金庸。最愛的還是我的《笑傲江湖》，令狐沖的義氣跟機靈，任盈盈的弱水三千只取一瓢飲，百看不膩。當然還有經典的《射鵰英雄傳》，傻氣的郭靖與聰穎可愛的黃蓉，更是讓當時還是在錄影帶的時代的我，看到卡帶也要轉好繼續看下去。

之後，沒有什麼特別熱愛的書籍，但只要一有空閒的時間，我就會窩在魚小姐家附近的王貫英圖書館裡看書。那段時間我看了好多書，從室內設計到身體健康、從推理殺人到張小嫻的愛情故事、從鬼故事看到聖經小說。

但年歲漸長，忙碌的事情多如過江之鯽，要好好專心看完一本書，變得好困難。真想要可以邊做事邊看書，可以一次滿足兩個願望的機會，讓我當個假文青吧……

1 將原文書內頁小心撕下。

2 將紙張夾入打孔機內。

3 用力壓下打孔機並整排打出孔洞。

4 讓直線的原文書變出美麗的花邊。

5 將喜歡的原文書頁面一頁接一頁排列好。

6 排列好的紙張全部翻面，並小心的用膠帶在背面的接縫處固定。

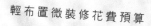

TID:501612
MID:540015435385
DATE/TIME:
MAY 12,2013 13:40

輕布置微裝修花費預算

舊書	$20
打孔機	$39
膠帶 & 刀片	$10
共計	$69

$69元就能擁有一物兩用的
浪漫質感英式桌旗！外面買
不到，無價！

7 依序黏貼到所需長度即可。

8 鋸齒的邊緣讓整體更美、
更細緻。

HOUSE OF FLOWER

PROJECT 035

換餐具的
好對策

AK

舊的餐具變身花台，實用又美觀。

「我要買這個，拿來炒菜就不會刮傷鍋子。」我指著鍋具店裡的矽膠刮刀。「這個有塑化劑吧？而且鍋子早就刮傷了。」KJ 頭也不回的走了。

「我要買這個，這樣切完菜就直接倒進鍋裡好方便。」我指著塑膠軟砧板說著。「這是墊板吧，不然你拿家裡切割墊來用也一樣。」KJ 很淡定的回答我。

「我要買這個，上面有小蛋糕超可愛。」我指著可愛的甜點餐匙說著。「幼稚。」KJ 簡短有力的回答我。

「我要買這個，這樣就可以自備餐具。」我指著有著精緻外盒的伸縮筷說著。「你用完第一次之後就會再也忘了帶。」KJ 用最了解我這失智人的口氣回答我。

「我要買這個，這樣燉肉就快很多。」我指著心儀的鑄鐵鍋說著。「你最近懶豬又不做菜。」KJ 用打擊我的方式回答我。

「我要買這個，好有日系風格。」我指著超禪風的木頭碗說著。「木頭？裝湯會漏水吧？」KJ 超迅速的回答我。

「我要買這個，這樣蛋糕放在上面超美。」我指著超美的白色蛋糕盤說著。「蛋糕一打開就吃完了，哪有時間放著看。」KJ 這位甜點狂回答我。

「我要買這個，這樣會有漂亮的光影。」我指著超有質感的鏤空燭台說著。「家裡有燈幹嘛點蠟燭。」KJ 很莫名的回答我。

「我想要買這個。」我指著餐具店裡的小砧板說著。「家裡砧板已經

所需材料 --

砧板×1
湯勺×1
電動起子×1
麻繩×1

多到鋪在桌上都能當桌巾了。」KJ 用
看到神經病的口氣回答我。

　　「這個超可愛，我要買。」我指
著百元店裡可愛的多彩湯勺說著。「顏
色那麼鮮豔，有沒有毒啊？」KJ 用誇
張口氣回答我。

　　「我討厭你。」我對著 KJ 說著。
「我也不喜歡你。」KJ 毫不猶豫的回
答我。

　　我到底怎麼會嫁給這樣的男人？

　　沒關係，我有對策。把舊砧板跟
湯匙想辦法用掉，就能再買新的了！

1 將湯勺刷上白漆，不要太均勻，以塑造仿舊感。

2 在麻繩開端使用保麗龍膠，以便圍繞固定。

3 依序將把柄纏繞上麻繩。

4 最上端再以保麗龍膠固定收邊。

5 湯勺改造完成。

6 用砂紙磨去除砧板上的透明漆。

7 打磨出像左邊原木那樣的質感。

8 刷上木料用漆。

9 在砧板邊緣用刀片切割營造仿舊感後再上一次漆。

10 打入木釘。

11 將製作好的湯勺掛上。

12 鎖入掛勾即完成。

13 老東西總有新生命⋯⋯

TID:501612
MID:540015435385
DATE/TIME:
MAY 12,2013 13:40

輕布置微裝修花費預算

老舊砧板	$0
老舊湯勺	$0
麻繩 & 木釘	$10
木器漆 & 砂紙	$20
共計	$30

$30 元就能做出市售千元左右的普羅旺斯風格花台或燭台，最重要的是又可以繼續買廚房用品了，喔耶⋯⋯

14 亦可以當燭台，別有風情。

PROJECT036

廚房裡的
時間記事

外面的雨一直下，下得人心情鬱悶，
不想出門，什麼都不想做。

還記得小時候，我是家裡的家事機器人，舉凡拖地、洗碗、清冰箱、洗風扇、甚至手洗衣服，等等任何你想得到的家事清潔，幾乎都是我的工作，有時候還得把家事做完才能赴朋友的邀約，所以我總有一套快狠準的清潔手法。雖然小時候做家事的時候覺得很煩，但長大後我甚至還天真的認為哪天沒工作了，我還有打掃這項才能。

不過雖然甚麼家事都得做，但唯獨就是家人不會讓我進廚房。也許在那個年代，大人總覺得讓小孩進廚房是一件很危險的事，可能一不小心，我就把廚房給炸了也不一定。

也可能因為不能進廚房，所以小時候我的廚藝等級一直處在盛裝白飯、拿筷子、遞茶水、端菜等「外場」的工作，因此也對廚房沒有甚麼太大的感覺。當然，對鍋具，餐具等等也沒有任何遐想。

直到我上了國中，那個多采多姿到我現在還是念念不忘的年代，我跟魚小姐及姵小姐第一次嚐到了日雜的精采，可謂是繼「談星」後的震撼彈（國中的時候談星雜誌可是必備潮物），而翻了日雜後，就再也回不去了。

雜誌的後方總有一個很簡單的烹飪小單元，有時候主題是 OL 們的快速早餐、或著是情人節的馬鈴薯燉肉、抑或是假日的小野餐等等，各種名目

所需材料 --

電動起子x1

木泥漆x1

鐘芯x1

指針x1

平底鍋x1

的輕食烹飪主題。就像第一次看到日劇一樣，那種厲害的選角與日系柔美的拍攝手法配上超好聽的配樂般的驚艷！原來，這個世界比我想像中的美麗許多。

原來，三明治可以用那麼漂亮的盤子裝著；原來，馬鈴薯燉肉可以配上愛心型的白飯；原來，野餐可以坐在櫻花樹下吃著御飯糰。

第一次，我發現廚房裡可以有這麼多不同的小風景。想著想著，看著窗外的雨，不想出門，那就進廚房看看該做甚麼好，反正不出門，有的是時間。

TID:501612
MID:540015435385
DATE/TIME:
MAY 12,2013 13:40

輕布置微裝修花費預算

平底鍋	$39
鐘芯	39
貼紙 & 塗料	$10
共計	$88

花費 $88 元，帶回家飾店超過 $500 元以上的鍋物鐘，讓烹飪時間更美好。

STEP BY STEP...

1 用電動起子將平底鍋鑽出
孔洞。

2 放入鐘芯。

3 拿出喜歡的貼紙。

4 選出搭配的圖案貼在鍋內變
為時間指標。

5 將指針塗上白漆，好與平底
鍋底色有所區別。

6 完成一個創意的掛鐘，居家
生活獨一而無二。

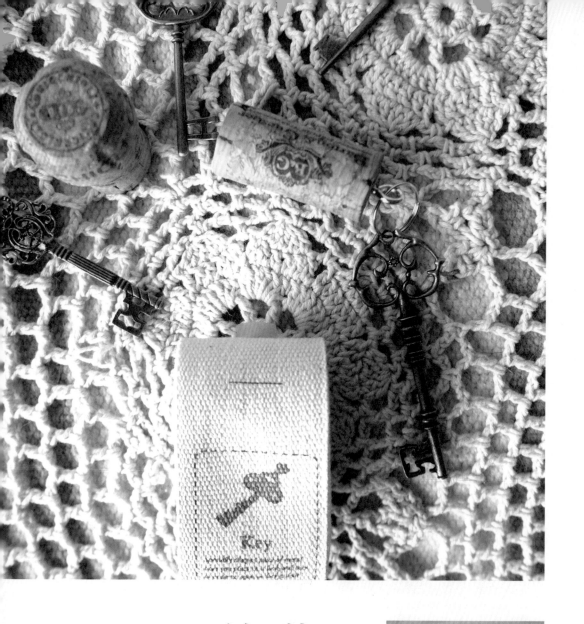

PROJECT 037

藍鬍子
的鑰匙圈

1 將固定環鑽入軟木塞中。

輕布置微裝修花費預算

軟木塞	$0
固定環 & 鑰匙圈	$10
古青鑰匙	$20
共計	$30

用 $30 元作出百元以上價質
感的鑰匙圈，體驗當藍鬍子
的感受，無價。

所需材料

軟木塞 x1

鑰匙圈 x1

固定環

難得出現了好天氣，在陽光的照耀下，趕緊曬衣洗衣，再來曬個書吧！小時候，很愛看童話故事。

白雪公主與七矮人，傑克魔豆，綠野仙蹤，睡美人，美女與野獸，美人魚，糖果屋，灰姑娘，小紅帽，青蛙王子等等，都是膾炙人口的故事。

童話故事之謂為童話，就是因為結局通常都很圓滿。像是小紅帽擺脫了大野狼，兄妹們找到了回家的路，獲得金銀財寶，王子與公主從此過著快樂的日子等等。

當然，世界不是像童話故事般永遠都這麼完美。小時候看了好多以王子與公主從此過著幸福快樂的日子為結局的童話，某天，

突然看到了藍鬍子的故事，這以恐怖為結局的童話，霎時震驚了好久！

雖然對藍鬍子的殘暴覺得害怕，不過，我對藍鬍子那串金銀打造的鑰匙，實在很感興趣。

童話故事裡，大多是以歐洲為主角，藍鬍子的家，就像個雖然有點老舊，但依舊很霸氣的城堡，錢財多的花不完，就連鑰匙也是用金銀打造，讓當時的我實在好想一探究竟，金與銀打造的鑰匙到底有多重？上面的圖騰有多漂亮？

不過故事的結尾實在太恐怖，我們還是擁有漂亮的鑰匙就好，千萬不要亂開門，好奇心可是會殺死一隻貓的。

2 將鑰匙圈套入固定環中即可。

3 套入喜歡的鑰匙即可完成。

4 將創意化為日常，你也可以帶一把優雅獨特的鑰匙。

罐頭
深夜食堂

罐頭，是懶人界裡的極品。就像星爺說的
折凳是必備般的好物。

金牛座向來以懶聞名，懶人如我，便是罐頭的愛用者！雖然知道很多東西都是不夠新鮮或不夠美麗才做成罐頭，也有不少的防腐劑以延長保存期限，但這麼方便的美味，還是讓我拜倒在它的石榴裙下。

家裡只有我跟 KJ 兩個人，叫我殺一顆新鮮鳳梨，太傷感情了。鳳梨蝦球我一定買鳳梨罐頭配新鮮草蝦，剝去蝦殼、剔除腸泥、開背、讓半月型的草蝦變成一朵朵的蝦球花，最後起熱鍋，放入蝦球拌炒，再加入切塊的鳳梨，最後加入美奶滋，完美上桌。剩下的鳳梨罐頭還能當甜點吃，一舉數得。只有我跟 KJ 兩個人，罐頭剛剛好。

更愛的罐頭就是綠巨人。

小時我們幾個小毛頭愛吃的菜色總是那幾道。小孩嘛，總是喜歡香香甜甜，或是有勾芡的東西，恨不得一日三餐都吃冰淇淋、麥當勞果腹，是多幸福的事？長大後才深知小時候夢想的幸福是件超恐怖的事，天天冰淇淋、麥當勞，不早日變木乃伊或米其林寶寶才有問題。

那時我們總吵著要喝玉米湯，老佛爺就會去買綠色的鐵罐，上面畫了一個奇怪的叔叔，長大後我才知道那是綠巨人。湯熬得差不多的時候，加入滿滿一罐的綠巨人玉米粒，整鍋湯頓時變得香甜美味。直到現在，我還會捧著一罐綠巨人，邊看電視邊一瓢

所需材料 --

噴漆×1

空罐頭

外文書的頁

一瓢的把玉米粒用湯匙舀入口中，儼然是小時候的味蕾印記。

　　摯愛，應該就是番茄罐頭了。不管是番茄糊，或是整顆番茄，有加沒加香料的番茄罐頭，都是我的愛。

　　我這人天生愛番茄，天天生啃番茄也難不倒我。菜色中只要有番茄，一定會成為我的心頭好，而舅舅拿手的番茄冰沙至今無人能敵，也許就是我愛番茄的原因吧！番茄罐頭實在太迷人。可以拿來做披薩，發好的麵皮，

刷上番茄醬料，再放上新鮮的紅色牛番茄，綠色的羅勒，白色的莫扎瑞拉起司，綠紅白這構成義大利最重要的三個色系，看似簡單，但口味卻連王妃都驚喜。把紅白蘿蔔、馬鈴薯切成小塊，最後加入番茄罐頭，無敵蔬菜湯上桌。還能做出美味的義大利麵、肉醬、燻雞、海鮮，任君選擇。而不只我們愛罐頭，連兩個寵物一貓一狗也超熱愛罐頭！

　　Minaco 是個妙貓，很多朋友家的

貓都超貪吃，但Minaco卻反其道而行，她厭惡任何人吃的食物。而 Minaco 自從結紮後，體重就快速飆高，直破七公斤大關，很多人一看到她，都以為她吃太多，是個貪吃貓。但其實她只吃自己的飼料，每次我們吃東西的時候，她走過來看一看，連聞都不聞就一副厭惡的樣子，轉頭還是回去優雅的吃她的乾糧。但她卻超熱愛貓類罐頭，每當我們出遠門回家時，總會開個罐頭犒賞她，只要彈彈罐頭的拉環，不管她在多遠，只要聽到罐頭聲，一定以跑百米的速度，邊跑邊叫著甜死人不償命的喵喵聲來撒嬌，屢試不爽。

而傑西更是堪稱全家最幸福的生物！法國鬥牛犬幾乎人見人愛，連以往怕狗的媽咪跟大阿姨都愛他，而每當我們出遠門的時候，媽咪就自告奮勇的幫我們帶他。傑西去前，媽咪會先把家裡打掃乾淨，把他專用的墊子鋪好，準備好他的罐頭與乾糧，根本已經把他當成孫子在養。

在媽咪家的時候傑西最好命，夏天吹冷氣，冬天吹暖氣，吃飯還有專人幫他把罐頭跟乾糧拌好，說是好狗命真是不為過阿！但一回到家又回到基本規格，夏天只有睡覺吹冷氣，冬天沒暖氣這種東西，平常只有乾糧，其他沒得商量。只有偶爾他表現很良好，或是我們出遠門歸來，他才能獲得罐頭獎賞。每當 KJ 高高舉起罐頭時，傑西就會超開心的以為自己是兔子般的不斷蹦蹦跳，雖然很欠揍，但也很可愛。

罐頭，真是人與動物間的優良好物啊！

STEP BY STEP...

1 罐頭洗淨待乾後，將標籤紙撕除。

2 用噴漆噴上喜歡的色系。

3 靜置待乾。

4 用手在頁面上撕出喜歡的字樣。

5 手撕更有溫度感。

6 將字樣背面均勻塗上白膠。

7 將英文內頁黏貼至鐵罐上。

8 用手掌輕壓出罐頭壓痕，
更有一致性。

9 市售貓狗罐頭馬上變漂亮收納盒。

TID:501612
MID:540015435385
DATE/TIME:
MAY 12,2013 13:40

輕布置微裝修花費預算

空罐頭	$0
外文書內頁	$5
噴漆	$20
共計	$25

花費 $25 元，卻擁有更多收
納小物的空間，環保又能讓
家居更整齊，物品一目了然
也更好找。

10 粉色的色調，可讓空間布置更加清爽。

Plant

春日到了，陽光和煦，微風輕柔，

露台裡的植栽也開始給了滿滿的回報，

紫的、粉的、白的、黃的，滿滿的花朵搖曳，滿室生香。

有了美好的傢俱、餐桌、收納小物及家電，整個家變的完美。

但卻少了點自然的溫度？就讓我們用大自然的花草，拼湊出更多的美好居家氛圍。

PART 6
植 栽 布 置

帶回家 巴黎歐風

La Vie En Rose！花朵，是某種生活的態度與姿態。歲月除了讓人累積更多故事外，更可以讓人的性情大變！還記得小時候的我完全不愛花，總覺得花不但貴，且一下就謝了，當時不懂欣賞，放在家裡也不覺好看。

隨著年歲增長，以往喜歡色彩繽紛，強烈圖騰的普普風格，竟也漸漸的轉變，了解了花卉對居家氛圍的營造可有莫大的功績，而且，選對當季的花，其實沒有想像中的「高貴」。利用當季的花卉，就能有嬌豔欲滴的花朵，陪你一起享用下午茶的浪漫。

住家附近一定有很多布置精美的花店，讓人一看就著迷。但是為了預算，不如實際點，到建國花市走走吧！不但能實地了解當季花卉有哪些，還有更重要的小撇步！在鄰近結束時間前往，可能許多漂亮花卉都被搶購一空，但卻可能有著五束一百的特價當季花

```
TID:501612
MID:540015435385
DATE/TIME:
MAY 12,2013 13:40
```

輕布置微裝修花費預算

花材：$300

餅乾點心：$200

共計：$500

$500元就能把巴黎的歐風帶回家，花團錦簇下吃下午茶就好像貴婦！居家氛圍的營造，誰說一定要花大錢？

卉可撿，種類不少，又好搭配，如此一來，花卉的花費就省下不少！

這次，我主要選用了桔梗與玫瑰及菟絲花，再配上一些紫花綠葉的搭配！色系的搭配非常重要，也是畫龍點睛的重點！白綠色系是新手的安全色，非常不易失敗！

而既然是花卉派對，盤飾也不能少了花兒的陪襯！選用與餐巾紙同色系的淺綠色結梗，待放的花苞更加迷人，用麻繩將花朵與餐具結合，為派對帶出更多驚喜與細膩，花朵並不像以往我的想像中俗氣，卻是脫俗的美，輕鬆造就派對的優雅！點上燭光，氛圍更加迷人。

Let's party！誰說只有在店舖中才能擁有浪漫？在家裡，也能營造出日雜般的夢幻氛圍。慢條斯理的打開果醬罐，將果醬塗滿土司，再輕餟一口溫茶，午茶時光就這樣悠閒的，漫步的在舌尖跳著華爾茲，La Vie En Rose！綠白的色系，配上花朵的餐具，點點的燭光，將花兒的浪漫更加倍！

誰說用花營造氛圍一定要高花費？千元以下，也能把浪漫的巴黎歐風帶回家。

不到 $200 元，就能有自己的多肉小花園。若是在家飾店或是花店中購買，可要超過 $600 元以上才買得到！

多肉，怎麼會有這麼可愛的造型？

　　嫩嫩綠綠，葉片總是肥肥胖胖、充滿水分的樣子。尤其是乙女心，顆顆飽滿，就像垂墜的稻穗，而嫩綠的色系，會在接觸滿滿的陽光後，尖端帶著淺淺的一抹紅。小巧可愛的子持蓮華也不遑多讓。一朵朵就像小拇指般大小的子持蓮華，外表就像一朵朵的玫瑰，這綠色的小玫瑰就會沿著走莖一直生長，就像聚寶盆般，可愛不已。

　　石蓮花，就是放大版的子持蓮華，只是體積大上許多，而葉片會沿著莖部不斷生長，夏天還

PROJECT 040

小花園片手鍋

1 將太過光亮的鍋子塗上白漆，增加鄉村感。

所需材料

片手鍋×1

多肉植物

植栽土

能拿葉片沾著蜂蜜食用,可謂美麗又實用。這些漂亮的小多肉,單看哪一盆都很難選擇,無法偏心,不如就聚集成為一個小花園吧!

　　拿出片手鍋,刷上白漆,將把手纏繞上麻繩,並翻轉至背面,挖出排水孔洞。再將培養土或水苔放入,最後依喜好將多肉種植進去。在鍋裡的多肉小花園,讓人愛不釋手。

2　將把手纏繞上麻繩,更有手感。

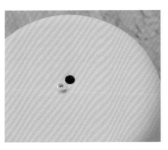

3　將鍋底鑽出孔洞,好讓多餘的水可以從底部流出。

4　挖出適量的植栽土。

5　放入片手鍋內。

6　慢慢放入喜歡的多肉。

7　調整放置的位置。

8　插上小花插,多肉小花園即可完成。

聯誼時光

迷迭香的

所需材料

剪刀

迷迭香

鐵絲

迷迭香是個好物。容易種植，香氣迷人，入菜入茶皆可，一物多用的植物，實在逃不了我的手掌心。春日到來，迎接夏日的熱浪前，迷迭香總是盡力的伸展枝枒，努力的呼吸著春天的氣息。春天的陽光總是和煦，讓迷迭香們也忍不住開心的向上發展。

「該修剪一下了。」某天吃早餐時，發現迷迭香的走勢越來越往上發展，是該好好修剪一下，準備迎接夏日得到來。喀擦喀擦，手起刀落，迷迭香就這麼一根根的被剪了下來。「沒想到數量那麼多！」修剪時還沒注意，一轉眼才發現迷迭香已鋪滿了露台的木桌。

1 剪下大把大把的迷迭香。

2 用鐵絲與迷迭香交錯。

3 慢慢的纏繞成圈。

輕布置微裝修花費預算	
自家種迷迭香	$0
自家種瑪格莉特	$0
鐵絲	$10
裝飾小物	$30
共計	$40

$40 元就能做出鄉村家飾店中至少 $400 元的美好花圈。而居家氛圍的提升可是大大無價！

不少的數量頓時讓家中只有兩個人的我們有點煩惱。丟了好可惜，送人若乾了又不好看，入菜也吃不完，泡茶也喝不盡。正當 KJ 碎碎念不知道該怎麼辦的時候，我從樓下拿了鐵絲上樓，整起一束束的迷迭香，夾入鐵絲，慢慢的把一支支的迷迭香，幻化成美好的花圈。

「只有迷迭香，都綠色的好無聊。」KJ 看著花圈說。我沒搭理，只逕自的繼續蒔花弄草。不一會，我的手上疊滿了白色的瑪格莉特，夢幻的太不真實。於是開始把迷迭香花圈上，插入一朵白色的瑪格莉特，最後再掛上些吊飾，迷迭香花圈就此完成。

迷迭香的香氣迷人，紮成花圈極耐放，就算乾了也是好看的裝飾品。春天到了，就讓迷迭香擁有一點自己的聯誼時間吧！

4　滿室馨香。

5　採集新鮮花草。

6　修剪長度。

7　慢慢插入花圈內。

8　直到整圈都佈滿花草。

9　裝飾小花。

10　將喜歡的配件放入花後插入花圈內。

11　飾品可以依心情更換。

我好喜歡紅殼蛋，這讓我想
起泰國的笑臉。總是覺得現在的
新聞與媒體，有些悲觀。

很多時候打開電視，翻開報
紙，總是讓人嘆息！但你有發現
嗎？其實這個世界有很多美好的
事物，但往往卻被忙碌或是煩躁
給掩蓋。早餐後，不妨花點時間
靜下心來修剪花草，把漂亮的花
朵們放進蛋殼做的容器，每天每
天，都有美麗的小風景！就讓我
們用另一個角度看待生活，發現
更多的小確幸。

很多人都知道我熱愛泰國！
我想，我愛泰國的原因，除了那
裏有滿滿的溫暖微笑外，還有不

PROJECT 042

小秘密

蛋殼裡的

1 用剪刀在蛋殼頂端挖出孔洞。

所需材料

紅或白的蛋殼　　剪刀　　鮮花

管到哪裡，早餐都有的紅殼蛋。某天我們住的是一晚不過一千元的平價旅店，但早餐依舊給你吃到飽的高品質紅殼蛋！讓我覺得早餐實在太美好，天天都不能少了早餐時光。

紅殼蛋這麼美，可不要浪費。取用蛋時用剪刀輕輕將蛋殼上方刺破，倒出蛋液，不要破壞蛋殼的外型太多。用完餐，洗碗時順便將蛋殼洗淨！再到露台剪些喜歡的花草，我們把蛋殼當容器，卻是那麼天衣無縫！就這樣，蛋殼不再是垃圾，而是完美的好風景！

很多時候，我們總是忙碌。很多時候，我們總是煩躁。靜不下心來，卻讓生活更是出乎意料的一團糟！鏽蝕的鐵籃，用喜歡的緞帶繞上一圈，同時也將美好圍繞了起來！這個世界，就是需要這樣化腐朽為神奇的小魔法，我們就能天天擁有更多小確幸了。

別忘了，許多美好都在你我身邊……

2　孔洞約蛋黃大小即可。

3　將蛋液倒出。

4　直至全部蛋液都流出，僅剩空殼，將蛋殼洗淨並加水。

5　採集新鮮花草。

6　將花草插入注滿水的蛋殼內。

7　蛋殼做的花器在陽光下特別迷人。

軟木塞
迷魂記

MID:540015435385
DATE/TIME:
MAY 12,2013 13:40

輕布置微裝修花費預算

軟木塞 　　　　　 $0
—————————————————
自家種迷迭香 　　 $0
—————————————————
共計 　　　　　　 $0

不要再有居家布置要花大錢
的迷思了！零元也能讓居家
氛圍大提升。（下次該不會
要出一本零元居家大改造的
書了吧⋯⋯）

我得了一種喜歡了就要擁有很多的病。

　　內搭褲是這樣、長版衣是這樣、髮箍是這樣、指甲油是這樣、戒指耳環項鍊髮飾是這樣、鞋子帽子包包也都是這樣，就連鍋碗瓢盆，也不能例外。我想，我有某種程度的戀物癖，戀上熱愛東西數大的癖好！

　　還記得滿了 18 歲，嚐到了啤酒的滋味。微苦的氣泡在舌間上跳躍著，那時的我並沒有很愛啤酒，而是在日劇中，男女主角不管是吃飯或是洗完澡，總要來杯啤酒，才開始懂得啤酒的奧妙。

所需材料

迷迭香　　　軟木塞.

從冰箱裡拿出冰鎮的沁涼的啤酒，大口喝下，有種打開任督二脈的感覺。

之後，開始嘗試了紅白酒。那種微酸的單寧味，配著莓果的果香，甚至還帶點橡木桶的香氣，總是很受女性朋友的歡迎。不管是搭配西班牙海鮮飯的 10℃ 白酒、或是烤肋眼的 16℃ 紅酒、甚至是耶誕節的 Mulled Wine，每種都讓人愛不釋口。每開一罐酒，就擁有了一枚軟木塞，漸漸的，鐵籃中的軟木塞越來越多。

正值春日，陽光正好，春風一吹，百花齊放。露台裡的迷迭香長得極好，籃裡的軟木塞質感極佳。何不讓他們一同用香氣上演一場誘人的迷魂記？

1 將紅酒塞輕挖出小洞。

2 將迷迭香下半部葉片移除。

3 直到下面僅剩無葉莖部。

4 將迷迭香插入軟木塞孔洞中。

5 迷你的迷迭香植栽就能完成。

6 善加利用小軟木塞，不僅美觀，也能散發香氣。

PROJECT 044

的印記

普羅旺斯

1 將花草依適合長度剪下。

所需材料　　薰衣草

麻繩　英文報紙

春日，真的到來了。蟲鳴鳥叫顯的悅耳、春風總是舒適宜人、陽光總是溫暖和煦、午後的春雷雖然讓人略顯煩躁，卻也解除了近日來的旱象，舒服的春日，也讓百花齊開。

垂櫻開始吹雪，發出嫩綠的葉；桃花漸漸凋落，換上的是可愛極了的甜桃果實；草莓開始候地結起了紅通通的果實，滿溢著草莓的莓果香氣；瑪格莉特開起爆炸盛裂的小白花；香草們漸漸甦醒，葉片們香氣濃郁，花朵也開始綻放。

長盆裡的薰衣草給的回報最熱烈，紫色的長型花朵，春風一吹，空氣中都彌漫著普羅旺斯的香氣。好想把這樣的香氣帶進室內，好想把這樣的香氣保留下來。拿起剪刀，把美好剪下吧！隨手拿起的英文報紙，將剪下的美好包起，再用麻繩綁起整束美好。

放在陰涼處，等乾燥後，將美好就這樣的保存下來！春日的客廳裡，正充滿著普羅旺斯的幸福氣息。

2 篩選適合尺寸。

3 排列集結成束。

4 墊上英文報紙。

5 捲成長桶狀。

6 綁上麻繩。

7 完成漂亮的乾燥花束。

MAY 12,2013 13:40

輕布置微裝修花費預算

花材：$400

————————————————

中式茶點：$100

————————————————

共計：$500

花費 $500 元，就能享有結蘆
在人境而無車馬喧的意境。
吃著中式點心，襯著美菊，
實在是完美的午茶時光！

PROJECT 045

蒸籠裡的

東方風華

梅蘭竹菊，清麗的四君子，你最喜歡哪一款？傲霜高潔，素心耐冷，多重的花瓣，色彩豐富，卻有不同的面貌，神秘又多變，是我喜愛的風格！才剛把巴黎的歐風帶回家，頓時又想來品味一下東方的美感，於是，我選了自己認為東方感十足的菊花！

菊，是很東方的一種花卉，雖然有時會太過沉靜，但圓滾滾的乒乓菊帶有菊的清麗質感，卻因為外型，而多了種俏麗的活潑，對新手來說，是很容易上手的花種！

不同於歐風的浪漫質感，東方的質感多由木質或是深色，及造型帶有東方感的配件與器皿為主！擺設時可以花型及枝態來設計。

將綠色的枝條纏繞成喜歡的造型，配上黑色器皿與亮彩的菊，枝態的意象絕美！這次選了黃綠色與桃紫色做搭配！看起來顏色非常強烈，但搭配起來卻是意外的協調，深色的食器，配上黃綠及桃紫，特別亮眼，卻不離經叛道！萬綠叢中一點紅，貼切的顯眼形容！

布置就是這麼一回事，不要故步自封，誰說食器只能裝食物？放滿了整籠的花朵，看來也可口！而且越意想不到的搭配，越能是矚目焦點！誰說燭台只能放蠟燭？我就是要放上滿滿的花球！黑色與桃紫色的搭配，一直以來都是配色中的美景！燭光搖曳，光影也增添了神秘質感！

誰說食材一定要用盤裝？只要氛圍出來了，摘葉飛花都是美景！用長長的月桃葉墊底，將食材放在葉上，濃郁的東方感，更是美不盛收！深色的長葉，配上淺色的餃子，這就是一種沉穩的東方味！茶湯中的小菊，除了美不盛收，更是香氣濃韻！

綠葉竹筷，完美的東方午茶！

濃湯碗裡的綠意

PROJECT 046

所需材料
多肉植物
西式濃湯碗 ×1

小鏟子 ×1

植栽土

山居生活裡，愛上當個綠手指。很愛各式各樣的香草與多肉植物！小盆栽在建國花市總是很划算。多肉或香草約莫四盆一百，快收攤時甚至還買過七盆一百的震撼價，買得很高興，回家也種得很開心。不過花市買來的植物，除非大型植栽像是櫻花有限定的換盆期外，最好一回家就換盆，除了能讓美感加倍外，也能讓植物有更多的伸展空間，不再被壓縮得可憐。

這天又從花市提回幾盆多肉，但忘了吃銀杏的我卻又忘了買陶盆。不過沒關係，平民主婦還是有很多好方法！拿出已經很少在使用的濃湯碗，放入培養土或水苔，將石蓮花放入濃湯碗中，再將空隙塞滿土，塑膠盆裡的石蓮花就大變身。寬口的濃湯碗，拿來種植寬版生長的石蓮花，比例剛剛好。

白色的瓷器，配上嫩綠的多肉植物，不知道為什麼，總有「可口」二字浮上心頭。

不如拿碟蜂蜜，一起分享濃湯碗裡的綠意吧……

1 在濃湯碗中放入植栽土。

2 挖起塑膠盆內的多肉植物。

3 放入濃湯碗中。

4 空隙中補滿植栽土。

5 插上可愛花插即完成。

6 多肉植物移入寬盆內更可愛了。

國家圖書館出版品預行編目 (CIP) 資料

手感溫度 微生活：讓家變得不一樣的 46
種輕布置 / Aiko 著 . -- 第一版 . -- 臺北市
：腳丫文化，民 102.06　面；　公分 . --
(腳丫文化；K070)
ISBN 978-986-7637-80-2(平裝)
1. 家庭布置
422.5　　　　　　　　　　102009658

腳丫文化 K070　**手感溫度 微生活：讓家變得不一樣的 46 種輕布置**

著作人	Aiko
社長	吳榮斌
企劃編輯	張怡寧
美術編輯	陳　臻
封面設計	陳　臻
出版	腳丫文化出版事業有限公司

總社・編輯部

社址	10458 台北市建國北路二段 66 號 11 樓之一
電話	(02)2517-6688
傳真	(02)2515-3368
E-mail	cosmax.pub@msa.hinet.net

業務部

地址	24158 新北市三重區光復路一段 61 巷 27 號 11 樓 A
電話	(02)2278-3158・2278-2563
傳真	(02)2278-3168
E-mail	cosmax27@ms76.hinet.net
郵撥帳號	19768287 腳丫文化出版事業有限公司

國內總經銷	千富圖書有限公司 (千淞・建中) (02)2900-7288
新加坡總代理	Novum Organum Publishing House Pte Ltd
TEL	65-6462-6141
馬來西亞總代理	Novum Organum Publishing House(M)Sdn. Bhd.
TEL	603-9179-6333
印刷所	通南彩色印刷有限公司
法律顧問	鄭玉燦律師

定價	新台幣 300 元
發行日	2013 年 6 月　第一版 第 1 刷
	第 2 刷

文經社與腳丫文化共同網址：www.cosmax.com.tw
www.facebook.com.cosmax.co
或博客來網路書店搜尋腳丫文化。
Printed in Taiwan

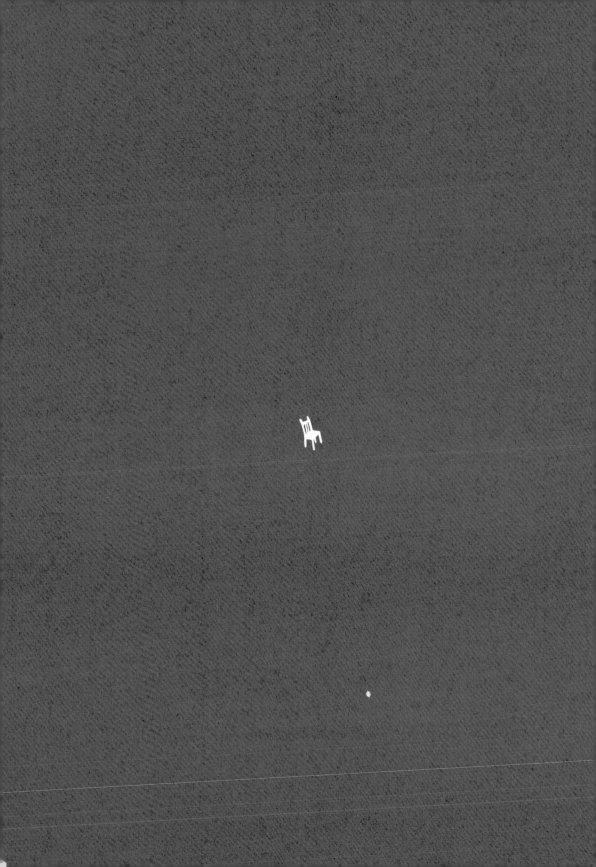